高等职业教育智能光电技术应用专业群产教融合新形态教材

智慧照明工程实践

主　编　杨超智　肖冠南

副主编　李　玲　杨清学　鲜昊宏

西南交通大学出版社

·成　都·

图书在版编目（CIP）数据

智慧照明工程实践 / 杨超智，肖冠南主编. -- 成都：西南交通大学出版社，2023.11

ISBN 978-7-5643-9592-6

Ⅰ. ①智… Ⅱ. ①杨… ②肖… Ⅲ. ①智能控制－照明技术 Ⅳ. ①TU113.6

中国国家版本馆 CIP 数据核字（2023）第 223396 号

Zhihui Zhaoming Gongcheng Shijian

智慧照明工程实践

主编 / 杨超智　肖冠南

策划编辑 / 李芳芳　李华宇

责任编辑 / 李　伟

封面设计 / 何东琳设计工作室

西南交通大学出版社出版发行

（四川省成都市金牛区二环路北一段 111 号西南交通大学创新大厦 21 楼　610031）

营销部电话：028-87600564　028-87600533

网址：http://www.xnjdcbs.com

印刷：四川玖艺呈现印刷有限公司

成品尺寸　185 mm × 260 mm

印张　9.25　　字数　233 千

版次　2023 年 11 月第 1 版　　印次　2023 年 11 月第 1 次

书号　ISBN 978-7-5643-9592-6

定价　39.00 元

课件咨询电话　028-81435775

前言

智慧照明是一种基于人工智能技术的智能化照明系统，它可以根据环境光线、人流量等因素自动调节照明亮度，实现节能环保的效果。随着国民经济的快速发展，青空灯、多功能广告灯、低眩光光源等成为大众消费的新选择。智慧家具环境下的智能照明系统因其可以提高人们的生活质量和工作效率成为现代家装的热点。

我国照明产业自 2020 年起不断引来产业震动，低端灯具模组制造产能逐渐被淘汰，行业进入由低端到高端、由下游到全链条、由低附加值到高附加值的转变时期。智慧照明工程的需求也相应从简单安装工程过渡到室内外场景照明设计的定制化，同时异形、全光谱、低眩光光源灯具的普及也带来了照明工程实践的新挑战。

智慧照明管理系统是一种基于物联网技术的智能化照明管理系统，它可以实现对照明设施的远程监控、智能控制和数据分析，为照明管理提供全方位的支持。智慧照明系统的优点包括节能、环保、智能化、高效、安全等。智慧照明系统的应用场景包括城市道路、公共场所、商业区、住宅小区等。

随着城镇化进程的加快和互联网的发展，智慧城市已经成为城市改革的趋势。近两年来，国家不断颁布各种政策，推进智慧城市的发展，国内各大城市也纷纷响应，推出了一系列关于智慧城市的政策。智慧照明就是其中之一，它也是智慧城市落地所需要进行的一种变革。进入 21 世纪，我国照明技术在研发、商业化生产、市场开拓等方面都获得长足发展，现已成为高速、稳定发展的新型产业。随着我国绿色照明工程的组织实施，这必将促进 LED（发光二极管）照明技术进一步创新和发展。

本书正是在这样的形势下编写而成的。编写上把 LED 相关应用技术与智能化、智慧化有机地结合起来，在保证科学性的同时，尽量做到有针对性和实用性，力求做到通俗易懂且结合实际工程应用，以便读者更好地掌握 LED 显示及智慧照明系统的设计方法和最新工程应用技术。读者可以此书为桥梁，系统、全面地了解和掌握 LED 显示及智慧照明系统的设计方法、安装调试技能，并将其灵活地运用到工作实践中。

本书具有以下特点：

1. 突出产教融合特征

学校和企业共同开发，企业人员深度参与，突出体现“以学生为中心”“做中学、做中教”等职业教育理念和产教融合类型特征。

2. 基于企业真实场景

以智慧照明工程实践真实项目为主线，连贯多个知识点。每个项目均由若干个具体岗位任务组成，每个任务均将相关知识和职业岗位基本技能融合，将知识和技能学习结合任务完成过程来进行。

3. 充分反映最新生产技术、工艺和规范

深度对接行业、企业标准，按照智慧照明工程实践要求，以每个岗位的知识点为支撑，知识点逐渐深化，紧扣技术专业人才培养能力目标，内容选取突出行业性、实用性、科学性和操作性，充分反映最新生产技术、工艺、规范和未来技术发展。

4. 采用新型活页教材形式

采用活页装订形式，每个项目相对独立，可以根据技术革新或实际需求取出或加入新内容：新技术内容、活页作业、学习笔记、功能插页等。

5.“润物细无声”地融入课程思政元素

坚持落实立德树人根本任务，注重学思结合、知行统一，增强学生勇于探索的创新精神和善于解决问题的实践能力。

本书由成都职业技术学院杨超智、肖冠南担任主编，李玲、杨清学、鲜昊宏担任副主编。

由于编者团队水平有限，书中难免存在不足之处，敬请各位读者批评指正，以便我们能及时修改和完善。

编　者

2023 年 10 月

扫一扫获取数字资源

目录

ABC

项目一　智慧照明简介

【项目描述】

智慧照明管理系统，为灯光数字赋能。随着城市化进程的加快，城市的照明系统也在不断升级。传统的照明系统已经不能满足城市发展的需要，智慧照明管理系统应运而生。在学习智慧照明系统前，需要了解智慧照明工程相关的基础知识。本项目将重点介绍照明工程的发展概述、智慧照明工程常用技术以及照明工程常见参数，为后续课程的学习打好基础。

【学习目标】

（1）掌握照明工程的概念及组成。

（2）掌握智慧照明工程的相关技术。

（3）掌握智慧照明工程的常见参数。

【技能目标】

（1）能够阐述照明工程的相关概念。

（2）能够在实际工程中判别智慧照明工程采用的相关技术。

（3）能够在工程实践中对智慧照明工程的常见参数进行分析。

任务一　照明工程发展概述

【任务描述】

掌握照明工程的基本概念及照明工程的构成体系，对后续课程的学习至关重要。学生通过课前查阅资料，学习了解照明工程相关政策及知识（例如：中国照明工程发展现状及未来发展方向），并在课堂上汇报学习成果，然后老师再讲解各个知识点。课后学生根据老师所讲知识对照明工程相关知识进行更全面、深入的探究。

【任务目标】

知识目标

（1）掌握照明工程的基本概念。
（2）了解照明工程的产品分类。
（3）掌握照明工程的相关体系。
（4）了解照明行业的未来发展方向。

技能目标

（1）能够阐述照明工程的概念及照明工程的构成体系。
（2）能够阐述未来照明工程的发展方向。

【任务实施】

一、照明工程的定义及分类

1. 照明工程的定义

照明工程是指为满足人们在各种活动场所的视觉需求，利用人工光源和自然光源，通过照明设计、照明设备的选择和布置、照明控制等手段，使场所内的照度、光色、光度分布等达到一定的要求，从而达到照明效果和节能的目的。

2. 照明工程产品分类

照明工程产品可以按照不同的分类方式进行分类，以下是几种常见的分类方式。

（1）按照用途分类：
家居照明：如台灯、吸顶灯、壁灯等；
商业照明：如展柜灯、射灯、筒灯等；
工业照明：如 LED 高/低杆灯、投光灯、隧道灯等；
室外照明：如路灯、景观灯、太阳能灯等。

（2）按照光源分类：

白炽灯：一种传统的光源，但由于其能效低，逐渐被淘汰；

荧光灯：一种高效的光源，但存在汞污染问题；

LED 灯：一种新型的光源，具有高效、长寿命、环保等优点，已逐渐成为主流。

（3）按照灯具类型分类：

吸顶灯：安装在天花板上，适用于客厅、卧室等场所；

台灯：放置在桌面上，适用于阅读、学习等场所；

落地灯：高大的灯具，适用于客厅、酒店等场所；

射灯：可以调节灯光方向，适用于商业场所的展示照明。

3. 照明工程构成体系

一般来说，照明工程的构成体系包括以下几个方面：

（1）光源：照明工程的核心是光源，包括白炽灯、荧光灯、LED 灯等。

（2）灯具：光源的载体，包括各种类型的灯头、灯座、灯罩等。

（3）电器：照明工程的重要组成部分，包括电线、开关、插座等。

（4）控制系统：照明工程的智能化体现，包括手动控制、自动控制、遥控控制等。

（5）照明设计：照明工程的重要环节，包括照明方案设计、照明效果设计等。

（6）安装施工：照明工程的实施环节，包括灯具安装、电器接线、控制系统安装等。

二、照明工程行业发展概况

照明工程行业是一个与人们日常生活息息相关的行业，随着人们对生活品质的要求越来越高，照明工程行业也在不断发展壮大。目前，照明工程行业的发展概况如下：

（1）照明技术不断更新换代，LED 照明技术已逐渐成为主流，取代了传统的白炽灯、荧光灯等。

（2）智能照明系统的应用越来越广泛，通过传感器、控制器等设备实现了对照明的智能控制，提高了照明效率和舒适度。

（3）绿色照明已成为照明工程行业的发展趋势，通过使用节能环保的照明设备和技术，减少了能源消耗和环境污染。

（4）照明工程行业的市场规模不断扩大，应用领域也越来越广泛，包括建筑照明、道路照明、景观照明等。

【思考题】

（1）简述目前我国照明工程的发展状况。

（2）照明工程的构成体系包括________、灯具、电器、________、________、安装施工。

任务二　智慧照明工程常用技术简介

【任务描述】

掌握智慧照明工程的常用技术，并了解智慧照明未来的发展及挑战，对智慧照明综合应用至关重要。学生通过课前查阅资料了解生活中的智慧照明系统，并在课堂上汇报学习成果，然后老师讲解智慧照明工程常用技术的相关知识，课后学生再深入学习及探索。

【任务目标】

知识目标

（1）掌握智慧照明系统的概念及常用技术。
（2）了解智慧照明系统未来的发展趋势。
（3）了解智慧照明系统未来面临的挑战。

技能目标

（1）能够阐述智慧照明系统及其常用技术。
（2）能够阐述未来智慧照明系统的发展及面临的挑战。

【任务实施】

一、智慧照明技术的概念

智慧照明技术是一种基于物联网技术的智能照明系统，通过传感器、控制器、通信设备等技术手段，实现对照明设备的智能化控制和管理。智慧照明技术可以实现对照明设备的远程控制、自动调节亮度、智能感知环境、提高能源利用效率等功能，从而提高城市照明的智能化水平，为人们提供更加舒适、安全、高效的照明环境。例如，智慧照明技术可以通过感应器感知人们的活动区域和光线强度，从而自动调节灯光亮度和颜色，以达到节能和提高照明效果的目的。

二、智慧照明工程常用技术

智慧照明工程常用技术包括以下几种：

（1）LED 照明技术：目前最为常用的照明技术之一，它具有高效、节能、寿命长等优点，可以实现智能控制和调节亮度、色温等参数。

（2）传感器技术：可以实现对环境光线、人流量等信息的感知，从而实现智能化的照明控制。

（3）通信技术：通过无线通信技术，可以实现对照明设备的远程控制和管理，从而提高照明系统的智能化水平。

（4）人工智能技术：可以实现对照明系统的自动化控制和优化，从而提高照明系统的能效和舒适性。

（5）大数据技术：通过对照明系统的数据进行采集、分析和挖掘，可以实现对照明系统的优化和升级，从而提高照明系统的智能化水平。

三、智慧照明技术的应用

智慧照明技术的应用非常广泛，主要包括以下几个方面：

（1）城市道路照明：通过智慧照明技术，可以实现对城市道路照明设备的远程集中控制和管理，包括自动调节亮度、远程照明控制、故障主动报警、线路检查等功能，从而提高城市道路照明的效率和安全性。

（2）商业照明：智慧照明技术可以应用于商业照明，例如商场、超市、酒店等场所的照明管理。通过智慧照明技术，可以实现对照明设备的远程控制和管理，从而提高照明效率并降低能源消耗。

（3）智能家居照明：智慧照明技术可以应用于智能家居照明，例如通过智能手机或语音控制照明设备的开关、亮度等参数，从而提高家居照明的便利性和舒适性。

（4）工业照明：智慧照明技术可以应用于工业照明，例如工厂、仓库等场所的照明管理。

（5）公共场所照明：智慧照明技术可以应用于公共场所照明，例如公园、广场、体育场馆等场所的照明管理。

四、智慧照明技术的发展趋势

未来智慧照明技术发展趋势如下：

（1）智能化：智慧照明将会更加智能化，通过传感器、控制器和互联网技术实现对照明设备的智能控制和管理，实现更加高效、节能的照明效果。

（2）人性化：智慧照明将会更加人性化，通过智能化技术实现对照明环境的智能感知和智能调节，为人们提供更加舒适、健康的照明环境。

（3）网络化：智慧照明将会更加网络化，通过互联网技术实现对照明设备的远程控制和管理，实现更加便捷、高效的照明管理。

（4）绿色化：智慧照明将会更加绿色化，通过节能技术和可再生能源技术实现对照明能耗的降低和环保效果的提升，实现可持续的照明发展。

（5）多元化：智慧照明将会更加多元化，通过结合音视频、安防、环境监测等多种功能，实现对城市智慧化建设的全面支持和服务。

五、智慧照明技术面临的挑战

智慧照明技术面临的挑战如下：

（1）数据采集和处理方面：智慧照明系统需要采集大量的数据，如光照强度、温度、湿度等，同时需要对这些数据进行处理和分析，以便更好地控制照明系统。

（2）系统集成方面：智慧照明系统需要与其他智能系统集成，如智能家居系统、智能安防系统等，这需要解决多系统融合中的各种复杂问题。

（3）能耗管理方面：智慧照明系统需要实现能耗管理，以便更好地控制能源消耗，减少能源浪费。

（4）安全性和隐私保护方面：智慧照明系统需要保证数据的安全性和隐私保护，以免被黑客攻击或泄露用户的隐私信息。

【思考题】

（1）简述智慧照明工程的常用技术。

（2）智慧照明技术是一种基于物联网技术的智能照明系统，通过________、控制器、通信设备等技术手段，实现对照明设备的________控制和管理。

任务三　智慧照明工程常见参数

【任务描述】

照明参数是照明工程中的重要指南，采用合理的参数可以有效控制照明能耗、提高照明质量，减少人的视觉疲劳度，使人们的视觉环境更好，达到良好的使用效果。学生通过课前查阅资料了解生活中常见的智慧照明系统，并在课堂上汇报成果，然后老师讲解智慧照明工程常用技术相关知识，课后学生再深入学习及探索。

【任务目标】

知识目标

（1）掌握智慧照明工程的常见参数。
（2）利用公式计算不同的参数值。

技能目标

（1）能够灵活运用照明工程参数。
（2）能够计算不同的参数值。

【任务实施】

1. 光通量

光通量是指光源发出的总光功率，公式为

$$\Phi = K \times \Phi_e$$

式中，Φ 表示光通量，单位为流明（lm）；K 表示光源的光效，即光源发出的光线总量与其消耗的电能之比，通常用 lm/W 表示；Φ_e 表示光源的电功率，单位为瓦特（W）。

2. 发光强度

发光强度是指发光体在一定方向的立体角元 dΩ 内传输的光通量 dΦ 除以该立体角元所得之商，即单位立体角的光能量公式为

$$I = \mathrm{d}\Phi \times \mathrm{d}\Omega$$

发光强度的单位为坎德拉（cd），1 cd=1 lm/sr。

3. 光　效

光效是指光源发出的光功率与其消耗的电功率之比，单位为流明/瓦（lm/W），公式为

$$\eta=\varphi/E=\varphi/(\varphi+P)$$

式中，η 为光效；φ 为光源辐射的光能量；E 为光源的功率；P 为光源损耗的能量，主要是发热量。

4. 显色指数

显色指数是指光源照射物体后，物体表面颜色的还原程度，一般用 *Ra* 表示，数值越大表示颜色还原度越高，最高为 100。

5. 色　温

色温是指黑体辐射的颜色，其单位一般用开尔文（K）表示，数值越高表示光线颜色越接近蓝色，数值越低表示光线颜色越接近红色。常见的色温有 2 700 K、3 000 K、4 000 K、5 000 K、6 000 K 等。

6. 色坐标

色坐标是指光源发出的光线在色度图中的位置，一般用 x、y 表示。常见的色坐标有 2 700 K 对应的 $x = 0.44$，$y = 0.40$；3 000 K 对应的 $x = 0.44$，$y = 0.40$；4 000 K 对应的 $x = 0.38$，$y = 0.38$；5 000 K 对应的 $x = 0.35$，$y = 0.35$；6 000 K 对应的 $x = 0.33$，$y = 0.33$ 等。

7. 色容差

色容差是指在同一照明条件下，人眼对颜色的区分能力，一般用 SDCM 表示，数值越小表示颜色区分能力越好，最小为 0。

8. 亮　度

亮度是指发光体光强与光源面积之比，定义为该光源单位的亮度，即单位投影面积上的发光强度（亮度=光强÷面积）。亮度的单位是坎德拉/米²（cd/m^2），公式为

$$\Phi=\mathrm{d}\Phi/(\mathrm{d}\Omega\mathrm{d}s\cos\theta)$$

式中，Φ 为光通量；Ω 为立体角；θ 为给定方向与单位面积元 ds 法线方向的夹角。

9. 照　度

表面上一点的照度是入射在包含该点的面元上的光通量 dΦ 除以该面元面积 dA 所得之商，即

$$E=\mathrm{d}\Phi/\mathrm{d}A$$

照度的单位为勒克斯（lx），1 lx=1 lm/m^2。

10. 亮度对比

亮度对比是指视野中识别对象和背景的亮度差与背景亮度之比，即

$$C=\Delta L/L_b$$

式中，C 表示亮度对比；ΔL 表示识别对象亮度与背景亮度之差；L_b 表示背景亮度。

11. 光源的发光效能

光源发出的光通量除以光源功率所得之商，简称光源的光效。单位为流明/瓦特（lm/W）。

12. 照度均匀度

照度均匀度是指规定表面上的最小照度与平均照度之比。

13. 反射比

反射比是指在入射的辐射光谱组成、偏振状态和几何分布给定状态下，反射的辐射通量或光通量与入射的辐射通量或光通量之比，用符号 ρ 表示。

14. 照明功率密度

照明功率密度是指单位面积上的照明安装功率（包括光源、镇流器或变压器），单位为瓦特/米 ^{2}（W/m^2）。

15. 室形指数

室形指数表示房间几何形状的数值。其计算式为

$$RI=ab/h(a+b)$$

式中，RI 表示室形指数；a 表示房间宽度；b 表示房间长度；h 表示灯具计算高度。

【思考题】

（1）房间面积为 38.5 m^2，光通量为 1 200 lm，平均照度为 300 lx，空间利用系数为 0.7，维护系数为 0.8。求房间需要的灯数，照明功率密度是多少？

（2）某工作室的面积 A 为 6 m × 10 m。房间吊顶高度 2.5 m，拟选用 36 W 高效双管荧光灯吸顶安装。已知：照明功率密度 PS=11 W/m^2（对应 300 lx），利用单位容量估量法，计算灯具数量应为多少套？

项目二 灯光终端组装与检测

【项目描述】

灯具的组装与检测是灯具照明行业生产流程中非常重要的环节。灯具组装质量的好坏，会影响灯具整体的质量，因此组装完成后需要完成各方面的参数检测。本项目将从灯具的组装、灯具电参数的测量、照度及色温测量、灯具光参数测量与估算、灯具照明模拟仿真五个方面进行学习。通过本项目的学习，学生应对灯具有初步的认识，为后续课程打下基础。

【学习目标】

（1）掌握灯具的基本组装方法。
（2）掌握灯具电参数的测量方法并计算。
（3）掌握照度及色温的测量方法。
（4）掌握灯具光参数的测量与估算方法。
（5）掌握灯具照明模拟仿真技术。

【技能目标】

（1）能够熟练使用电烙铁焊接灯珠及连线。
（2）能够熟练使用工具完成灯具的测量。
（3）能够使用软件 DIALux 进行照明仿真。

任务一　灯具的组装

【任务描述】

结合灯具实物材料，对材料元件进行正确辨别与识别，并选取色温范围在 6 500 ~ 7 500 K 的灯珠，利用清单中的材料及元件进行焊接、连线、组装，完成灯具的装配。最后把装配完整的灯具安装在“实训台”上的“射灯”灯座内，并接通电源。

【任务目标】

知识目标

（1）掌握不同灯珠的色温范围。
（2）掌握灯具光源的具体参数。
（3）掌握灯具的亮度要求。

技能目标

（1）熟练使用恒温焊台。
（2）掌握灯具的安装方法。

【任务实施】

1. 准备工作

准备好所需的零部件、工具和设备（见表 2-1-1）。

表 2-1-1　射灯灯具套件及工具和设备主要材料清单

序号	名称	材料/规格/型号	单位	数量
1	铝基板焊接电源线	带插头	个	1
2	正白光灯珠	功率：1 W；电压（DC）：3.2 ~ 3.4 V；电流（DC）：350 mA	个	5
3	红光灯珠	功率：1 W；电压（DC）：2.2 ~ 2.4 V；电流（DC）：350 mA	个	5
4	绿光灯珠	功率：1 W；电压（DC）：3.2 ~ 3.4 V；电流（DC）：350 mA	个	5
5	蓝光灯珠	功率：1 W；电压（DC）：3.2 ~ 3.4 V；电流（IDCF）：350 mA	个	5
6	珠黄光灯珠	功率：1 W；电压（DC）：2.2 ~ 2.4 V；电流（DC）：350 mA	个	5

续表

序号	名称	材料/规格/型号	单位	数量
7	冷白光灯珠	功率：1 W；电压（DC）：3.2～3.4 V；电流（DC）：350 mA	个	5
8	暖白光灯珠	功率：1 W；电压（DC）：3.2～3.4 V；电流（DC）：350 mA	个	5
9	铝基板	—	个	1
10	驱动电源	AC 220 V，DC 300 mA	个	1
11	外环	—	个	1
12	内环	—	个	1
13	弹簧卡扣	—	个	2
14	电烙铁	恒温电烙铁	台	1
15	焊锡丝	100 g，ϕ0.8	圈	1
16	螺丝刀套装	—	套	1
17	数字万用表	—	个	1
18	焊锡膏	—	个	1
19	助焊剂	—	个	1

2. 组装前检查

检查各个零部件是否齐全、是否符合要求。

3. 组　装

按照设计要求，将各个零部件进行组合，形成一个完整的灯具产品。

1）焊　接

LED 灯珠为三个串联形式（见图 2-1-1），焊接时注意分清引脚的正负极（引脚上刻有“+”“-”，分别表示正负极），然后分别焊接在铝基电路板上丝印对应的焊盘位置。

图 2-1-1　LED 灯珠

2）组　装

电路板底部贴在散热片上，并涂上少量散热硅脂便于导热；电源线穿过散热器中间小孔；透镜安装于 3 个 LED 灯珠之上，并使用内圈旋转螺纹固定在散热片上，效果图如图 2-1-2 所示。

图 2-1-2　组装 LED 灯珠

紧固弹簧安装于外环上的两个安装位，使用螺丝连接外环与内圈，螺丝不要拧紧，组装完之后内圈可在外环中手动调整角度，便于调整射灯光线角度。组装后效果图如图 2-1-3 所示。

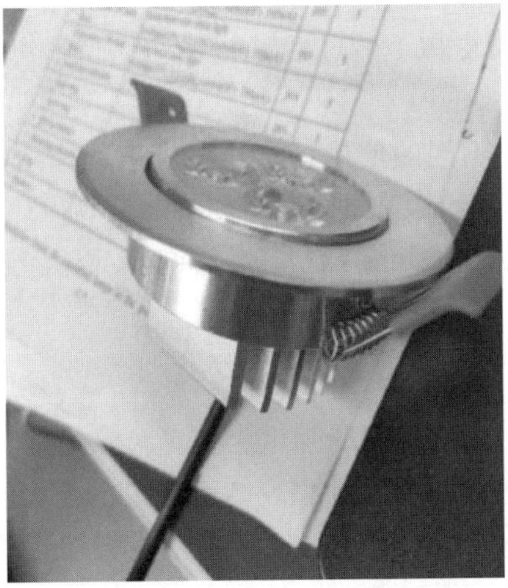

图 2-1-3　组装后效果图

4. 组装后检查

检查组装后的灯具产品是否符合要求，如外观、尺寸、功能等。

（1）灯具通电后能正常发光，光学效果符合产品设计要求。

（2）产品组装及焊接满足电气安全要求，焊接处焊点不露铜。

（3）产品硅脂涂抹正确，灯具散热良好，长期通电运行稳定，无异常现象。

（4）灯具所有结构部件正确安装，灯具能牢固固定在安装孔内。

（5）驱动电源交流侧电源线用电工胶布接电缆并安装插头。

（6）电源线和电缆线的安装要满足灯具抗拉要求和对线芯的保护。

【知识提炼】

基础知识学习

一、灯具的基础知识

1. 灯具的种类

灯具的种类很多，包括吊灯、壁灯、台灯、落地灯、筒灯、射灯、LED 灯等。每种灯具都有其特定的用途和装饰效果。

2. 灯具的光源

灯具的光源有很多种，包括白炽灯、荧光灯、LED 灯等。不同的光源有不同的亮度、色温和寿命等特点，需要根据实际需求进行选择。

3. 灯具的色温

灯具的色温是指灯具发出的光线的颜色，其单位通常用开尔文（K）来表示。色温越高，光线越偏蓝，越低则越偏红。一般来说，色温在 2 700 K 以下的灯具发出的光线会比较暖黄，类似于烛光或者晚霞；色温在 4 000 K 左右的灯具发出的光线则比较接近自然光，类似于早上或者傍晚的阳光；色温在 5 000 K 以上的灯具发出的光线则比较偏蓝，类似于白天的阳光或者荧光灯。

在选择灯具时，需要根据不同的使用场景和需求来选择不同的色温。例如，对于需要长时间阅读或者工作的场景，选择色温在 4 000 K 左右的灯具可以减少眼睛疲劳和视觉疲劳；而对于需要展示商品或者照明的场景，选择色温在 5 000 K 以上的灯具可以使颜色更加鲜艳，更加符合人们对颜色的感知。

4. 灯具的亮度

灯具的亮度是指灯具所发出的光线的强度，其单位通常用流明（lm）来表示。流明是一个物理量，用来描述人眼所感受到的光的亮度。而灯具的亮度与其所使用的光源的功率、光源的发光效率、灯具的反射率等因素有关。以下是一些影响灯具亮度的因素：

（1）光源的功率：光源的功率越大，灯具的亮度也就越高。

（2）光源的发光效率：发光效率越高的光源，灯具的亮度也就越高。

（3）灯具的反射率：灯具的反射率越高，灯具的亮度也就越高。

（4）灯具的透光率：灯具的透光率越高，灯具的亮度也就越高。

（5）灯具的使用环境：其也会影响灯具的亮度，例如灯具的安装高度、周围环境的亮度等。

5. 灯具的安装

灯具的安装需要根据不同的种类和用途进行选择，一般需要遵循安装说明书上的步骤进行安装。

（1）确定灯具的安装位置和数量，根据灯具的功率和照度要求计算所需的灯具数量。

（2）检查安装位置是否符合灯具的安装要求，如有妨碍则必须拆除。
（3）安装灯座和灯管，注意灯座和灯管的规格和型号必须匹配。
（4）连接电源线，确保电源线的接线正确可靠。
（5）安装灯罩和其他配件，如有调节灯光方向的配件，需根据需要进行调整。
（6）进行灯具的调试和检测，确保灯具的亮度和照度符合要求。
（7）进行灯具的验收，如有问题及时处理。

二、LED 灯珠的基础知识

LED（Lighting Emitting Diode）即发光二极管，是一种半导体固体发光器件。它是利用固体半导体芯片作为发光材料，在半导体中通过载流子发生复合放出过剩的能量而引起光子发射，直接发出红、黄、蓝、绿、青、橙、紫、白色的光。LED 照明产品就是利用 LED 作为光源制造出来的照明器具。

1. 颜　色

蓝光 LED 在几年前得到了广泛的应用。将蓝光 LED、绿光 LED 和红光 LED 所产生的光混合将产生白光，这种可以产生白光的技术提供了很宽的色域，光动态调谐特性好，显色性能出色（CRI），非常适合高端背光应用。用蓝光 LED 和荧光粉的方式产生白光可以更简单、经济，它可以使一部分蓝光转换成黄光。黄光可以模仿眼睛所感受到的红光和绿光，因此蓝光和黄光混合就可以产生白光。这种方案可以提供良好的显色性能，但是由于制作工艺的差异和荧光粉厚度不同，使得这种方式产生的白光遭受着色温不一致的困扰。

LED 几种基本颜色的比色图如图 2-1-4 所示。

波长/nm	颜色名称	正向电压/V	LED材料
940	红外线	1.5	GaAlAs、GaAs
635	红色	2	GaAsP、GaP
570	绿色	2	InGaAlP、SiC、GaN
430	蓝色	3.8	
色温8 000K	冷白色	3.6	SiC、GaN

图 2-1-4　LED 几种基本颜色的比色图

2. 效　率

对于 LED 光源来说，高效率是一个术语。当提到照明时，效率被定义为单位功率所产生的光，因此，效率是用流明/瓦（lm/W）来衡量的。近年来，一些 LED 产品承诺效率可以高达 150 lm/W，比较而言，白炽灯为 15 lm/W，荧光灯可以达到 70 lm/W。LED 灯会在不久的将来取代白炽灯和荧光灯吗？有可能，但一些 LED 的效率数据只停留在规格书上。问题在于 LED 产生的相当一部分光在封装材料表面上被反射回了 LED 芯片，这部分反射回来的光被半导体材料吸收然后转换成热量。通过抗反射涂层，或将反射角降到可以减少光的反射量，从而提高效率。降低反射角可以通过使用半球体封装，将 LED 芯片放在中央来实现。然而这些技术还取决于制作工艺的变化程度和比较高的额外费用来确保性能稳定。因此，尽管 LED 在工业上正在被快速接受，但 LED 的发展还有很长的路要走。

3. 驱　动

LED 本质是电流驱动器件，也就是说，它的光强度随着正向电流 I_F 的变化而变化。光的颜色同样也是由正向电流来决定的，LED 正向电压 V_F 也会影响颜色的变化。于是，为了达到所需要光的颜色和亮度，有必要采用恒流驱动 LED。一个简单的 LED 驱动的框架可以由一个电压源和一个限流电阻组成，如图 2-1-5（a）所示。这种方法适合于窄输入电源、小电流的应用，此时的 LED 的正向压降略低于输入电压。但是当输入电压变化或者 LED 的正向压降升高时，电流就会变化，因此光的强度和颜色就会改变。

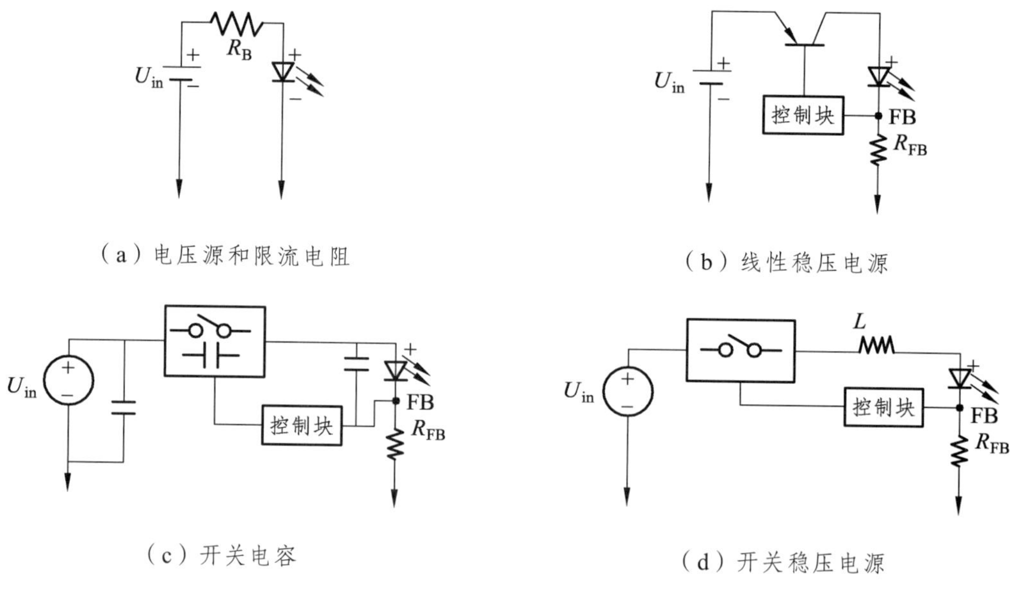

（a）电压源和限流电阻　（b）线性稳压电源　（c）开关电容　（d）开关稳压电源

图 2-1-5　简单的 LED 驱动框图

线性稳压电源常被应用在降压率比较小的情况，对 LED 电流进行紧密控制，如图 2-1-5（b）所示。在要求小电流升高的情况下，可以利用开关电容电路，如图 2-1-5（c）所示。至于宽输入范围、大电流应用，用以上方法实现的简单驱动结构会导致功耗非常高，效率非常低。所以需要更高效和相应更复杂的解决方案，如开关稳压电源，如图 2-1-5（d）所示。开关稳压电源通过切断功率流和控制占空比大小来实现功率控制，这种方式可以得到有规律振动的电流电压。可以将开关稳压电源设置成隔离或非隔离的方式来实现电压、电流的降低（buck）或升高（boost），或两种功能同时发生（buck-boost）。

【思考题】

（1）利用本任务所述材料完成一个灯具，色温值在 3 500 ~ 5 500 K。请问选取的灯珠是哪种？

（2）灯具在不同的环境下，常用的色温值有哪些？

任务二　灯具电参数的测量

【任务描述】

当任务一组装的灯具稳定工作后，使用数字万用表完成灯具电参数的测量；同时测量其成品灯具的电参数，对比分析两个灯具电参数的差异。

【任务目标】

知识目标

（1）掌握灯具的电参数。

（2）掌握灯具驱动器的基础知识。

技能目标

（1）能够熟练使用万用表。

（2）能够对比两个灯具电参数的差异。

【任务实施】

1. 材料及工具的准备（见表 2-2-1）

表 2-2-1　材料及工具清单

序号	名称	材料/规格/型号	单位	数量
1	灯具一	任务一焊接灯具	个	1
2	成品灯具	—	个	1
3	端子	H2519-2	个	2
4	导线	—	根	6
5	驱动电源	AC 220 V，DC 300 mA	个	1
6	万用表	—	个	1

2. 连接测量线路

测量线路的连接如图 2-2-1 所示。

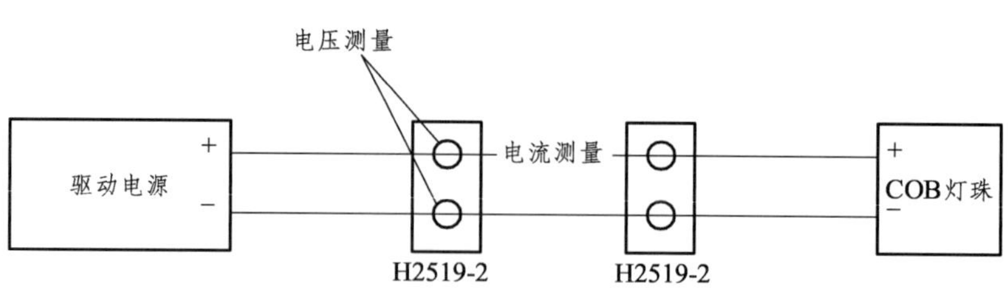

图 2-2-1　测量线路的连接

3. 测量任务一灯具的电压、电流

测量电压、电流，并记录于表 2-2-2 中。

表 2-2-2　电压、电流值

序号	开始发光电压/V	运行一段时间后电压/V	开始发光电流/A	运行一段时间后电流/A
1				
2				
3				

4. 测量成品灯具的电压、电流

测量电压、电流，并记录于表 2-2-3 中。

表 2-2-3　电压、电流值

序号	开始发光电压/V	运行一段时间后电压/V	开始发光电流/A	运行一段时间后电流/A
1				
2				
3				

【知识提炼】

一、灯具电参数的测量基础知识

灯具电参数的测量基础知识包括以下几个方面：

（1）电压测量：使用万用表等电测仪器，将电压测量头分别接在灯具的两个电极上，即可测量出灯具的电压值。

（2）电流测量：使用电流表等电测仪器，将电流表串联在灯具的电路中，即可测量出灯具的电流值。

（3）功率测量：使用功率计等电测仪器，将功率计插在灯具的电路中，即可测量出灯具的功率值。

（4）功率因数测量：使用功率因数表等电测仪器，将功率因数表接在灯具的电路中，即可测量出灯具的功率因数。

需要注意的是，在进行灯具电参数的测量时，要确保人身安全，避免触电事故的发生。

二、数字万用表的使用

1. 使用方法

（1）使用前，应认真阅读有关的使用说明书，熟悉电源开关、量程开关、插孔、特殊插口的作用。

（2）将电源开关置于 ON 位置。

（3）交直流电压的测量：根据需要将量程开关拨至 DCV（直流）或 ACV（交流）的合适量程，红表笔插入 V/Ω 孔，黑表笔插入 COM 孔，并将表笔与被测线路并联，读数即显示。

（4）交直流电流的测量：将量程开关拨至 DCA（直流）或 ACA（交流）的合适量程，红表笔插入 mA 孔（< 200 mA 时）或 10 A 孔（> 200 mA 时），黑表笔插入 COM 孔，并将万用表串联在被测电路中即可。测量直流量时，数字万用表能自动显示极性。

（5）电阻的测量：将量程开关拨至 Ω 的合适量程，红表笔插入 V/Ω 孔，黑表笔插入 COM 孔。如果被测电阻值超出所选择量程的最大值，万用表将显示“1”，这时应选择更大的量程。测量电阻时，红表笔为正极，黑表笔为负极，这与指针式万用表正好相反。因此，测量晶体管、电解电容器等有极性的元器件时，必须注意表笔的极性。

2. 使用注意事项

（1）如果无法预先估计被测电压或电流的大小，则应先拨至最大量程挡测量一次，再视情况逐渐把量程减小到合适位置。测量完毕，应将量程开关拨到最大电压挡，并关闭电源。

（2）满量程时，仪表仅在最高位显示数字“1”，其他位均消失，这时应选择更大的量程。

（3）测量电压时，应将数字万用表与被测电路并联。测量电流时，应与被测电路串联。测量直流量时，不必考虑正、负极性。

（4）当误用交流电压挡去测量直流电压，或者误用直流电压挡去测量交流电压时，显示屏将显示“000”，或低位上的数字出现跳动。

（5）禁止在测量高电压（220 V 以上）或大电流（0.5 A 以上）时换量程，以防止产生电弧，烧毁开关触点。

（6）当显示“-”“BATT”或“LOW BAT”时，表示电池电压低于工作电压。

【思考题】

（1）灯具的功率如何测量或者计算？

（2）灯具在测量过程中，有哪些注意事项？

任务三　照度及色温测量

【任务描述】

该任务主要通过色度照度计测量灯具的照度和色温。任务实施之前，需要准备色度照度计、测量筒以及其他辅助工具。

【任务目标】

知识目标

（1）掌握色温及照度的测量方法。
（2）掌握等照度曲线的绘制方法。
（3）掌握照度均匀度的计算方法。

技能目标

（1）掌握照度计、色温计的使用方法。
（2）会使用 MATLAB 或者 AndroidPlot 库绘制照度曲线。

【任务实施】

一、测量步骤

（1）按如图 2-3-1 所示的方法，对指定测量点的色温值及照度值进行测量，测量值保留整数位。

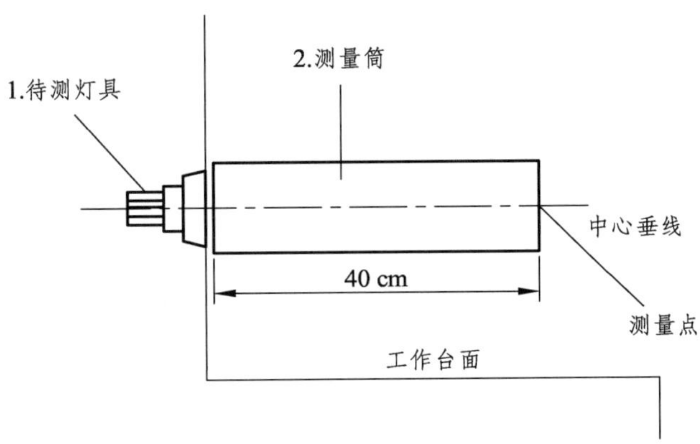

图 2-3-1　测量色温值及照度值

（2）完成测量并记录在表 2-3-1 中。
（3）工作台面照度测量。
使用色温照度计及其他辅助工具，以“光电技术实训台”的工作台面为待测平面，按要求打开“光电技术实训台”一个或多个灯具，在模拟暗室条件下，按照中心布点法（网格尺寸取 15 cm）完成该工作台面的光学参数测量任务。

表 2-3-1　光参数测量

光学特性参数	色温值	单位
		K
	照度值	单位
		lx
能效参数	光效	单位
		lm/W

二、光学参数测量任务

（1）测量工作台面的平均照度。将中心布点法测量的结果填入图 2-3-2 所示的表格中，并计算工作台面的平均照度。

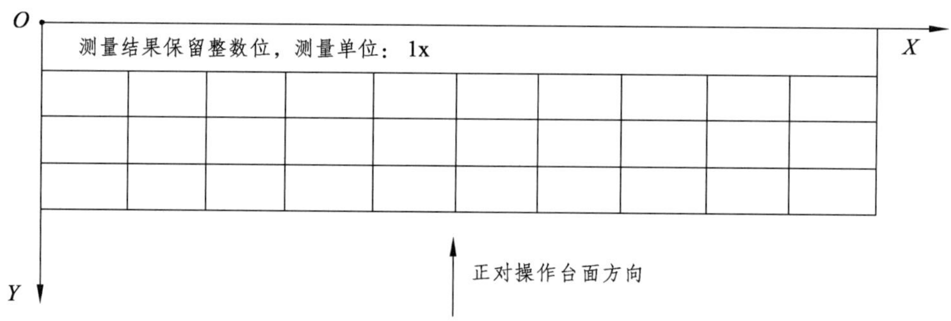

图 2-3-2　测量工作台面的平均照度

（2）测量并计算工作台面的照度均匀度。

（3）测量并绘制工作台面 250 lx 的等照度曲线。

通过测量列出等照度曲线关键点位置。关键点应首先包括局部极值点、边界点及其他必要的能体现等照度曲线趋势的点，测量点分布均匀，共需测量 12 点，并填入表 2-3-2 中；然后根据所列出的关键点位置，绘制出工作台面等照度曲线。

表 2-3-2　测量结果

测量结果保留整数位，测量单位：cm								
	1	2	3	4	5	6	7	8
X 坐标								
Y 坐标								
	9	10	11	12	\	\	\	\
X 坐标								
Y 坐标								

【知识提炼】

一、照度计基础知识及使用方法

1. 照度计的工作原理

照度计由光电变换器、放大器、显示器组成。

光电变换器中的单结型硅光电池受光产生的电流，经放大器放大后，推动显示器显示出光强大小。

光电变换器中的乳白玻璃余弦修正片能消除入射光与采光面不垂直时产生的误差，而滤色玻璃使硅光电池的光谱响应曲线接近人的视觉敏感曲线。

2. 操作规程

（1）打开电源。

（2）选择合适的测量挡位。

（3）打开光检测器头盖，并将光检测器放在要检测光源的水平位置。

（4）读取照度计 LCD 测量值。

（5）读取的测量值，如左侧最高位数显示“1”，即表示过载现象，应立刻选择较高挡位测量。

（6）数值锁定开关：按 HOLD 开关，LCD 显示 H，且显示锁定数值，再按一下 HOLD 开关，则可取消数值锁定功能。

注：使用 TES-1334A 选择 20000LUX/fc 挡位时，所显示数值需乘以 10 才是测量的真值，选择 200000LUX 挡位时，所显示数值需要乘以 100 才是测量的真值。

（7）峰值锁定：若测量光束信号，按 PEAK 开关一次，LCD 显示 P 符号及脉动峰值，再按 PEAK 开关一次，即恢复正常测试（TES-1334A 有此功能，TES-1330A 和 TES-1332A 无此功能）。

（8）测量工作完成后，将光检测器盖头盖回，电源开关切至 OFF 挡。

（9）光电变换器采光面应与入射光垂直，电流计应水平放置。

（10）不得将光电池直接暴露在强光中。

（11）照度计应存放在干燥、T<40 °C 的环境中。

二、色温计基础知识及使用方法

1. 色温测量原理

基于光源的辐射特性，通过测量光源辐射的能量分布，确定其色温。

2. 使用方法

将色温计的探头放置在待测光源的位置，读取仪器上的数字即可。

三、照度均匀度

照度均匀度是指光源的最小光亮度与最大照明强度之比，即一定面积上受到的光通量和视野中心处的亮度之比。

照度均匀度=最小照度值/平均照度值

$U_0=E_{min}/E_{av}$

四、等照度曲线

（1）等照度曲线为一个表面上光照度分布状况的曲线图（类似于地图上的等高线图）。它是由一系列不同光照度值的轨迹线组成的。

（2）等照度曲线绘制方法。

① 使用 AndroidPlot 库绘制光照度曲线。

首先，需要在项目中添加 AndroidPlot 库。然后，使用以下代码绘制光照度曲线。

```
// 创建一个 XYPlot 对象 XYPlot plot = (XYPlot) findViewById(R.id.plot);
// 创建一个 LineAndPointFormatter 对象，设置曲线颜色和点的颜色 LineAndPointFormatter formatter = new LineAndPointFormatter(
        Color.rgb(0,0, 255), // 曲线颜色
        Color.rgb(0, 0, 255), // 点的填充颜色
        null, // 点的边框颜色
        null // 点的大小                    );
// 创建一个 SimpleXYSeries 对象,设置 X 轴和 Y 轴的值 SimpleXYSeries series = new SimpleXYSeries(
        Arrays.asList(new Number[]{1, 2, 3, 4, 5}), // X 轴的值
        Arrays.asList(new Number[]{10, 20, 30, 40, 50}), // Y 轴的值
        "光照度曲线" // 曲线的名称                    );
// 将曲线添加到 XYPlot 对象中
plot.addSeries(series, formatter);
// 设置 XYPlot 对象的一些属性
plot.setDomainLabel("时间"); // X 轴的标签
plot.setRangeLabel("光照度"); // Y 轴的标签
plot.setTitle("光照度曲线"); // 图表的标题
```

② 使用 MATLAB 绘制光照度曲线。

在 MATLAB 中，可以使用以下代码绘制光照度曲线。

```
% 创建一个 Figure 对象 figure;
% 绘制光照度曲线
[haxes,hline1,hline2] = plotyy(R, I1, R, V1, 'plot', 'plot');
% 设置光照度曲线的颜色和线型
set(hline1, 'Color', 'b', 'LineStyle', '-');
% 设置电压曲线的颜色和线型
set(hline2, 'Color', 'r', 'LineStyle', '-');
% 设置 X 轴和 Y 轴的标签
```

```
xlabel('时间');
ylabel(haxes(1), '光照度');
ylabel(haxes(2), '电压');
% 设置图表的标题
title('光照度曲线');
```

【思考题】

绘制工作台面 350 lx 的等照度曲线。

任务四　灯具光参数测量与估算

【任务描述】

灯具光参数测量非常重要。使用无线照度计测量 0°～45°（5°为间隔）的照度值，并计算其光强值，用其反映灯具光源的效果。

【任务目标】

知识目标

（1）掌握灯具配光曲线的绘制方法。
（2）掌握点光源在剖面不同角度的测量方法。
（3）掌握光强的计算方法。

技能目标

（1）熟练使用无线照度计。
（2）会计算光强值。

【任务实施】

一、实施步骤

1. 灯具光参数测量准备工作

灯具光参数测量准备工作如表 2-4-1 所示。

表 2-4-1　材料及工具清单

序号	名称	材料/规格/型号	单位	数量
1	射灯		个	1
2	铜锤		个	1
3	无线照度计		个	1
4	计算机		台	1

2. 灯具配光曲线测量

灯具配光曲线测量原理图如图 2-4-1 所示。

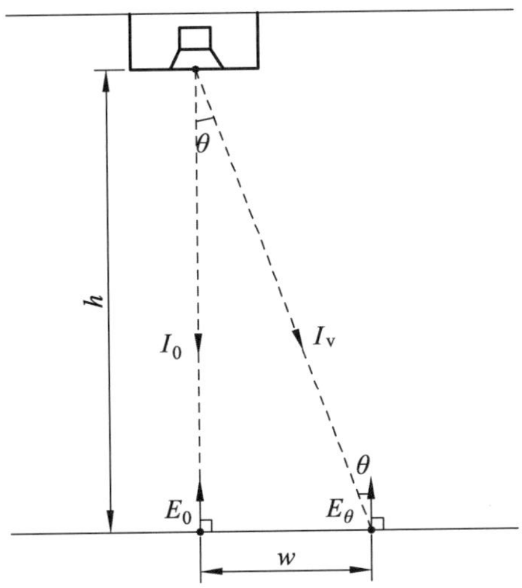

图 2-4-1　灯具配光曲线测量原理图

二、测量特定点的照度值

保持灯具不变，测量特定点的照度值，并估算灯 C0°剖面 0° ~ 45°（5°为间隔）的光强值，把测量和估算结果记录在表 2-4-2 中，测量结果保留整数。

表 2-4-2　测量和估算结果

C0°剖面极坐标角度 θ	X 坐标值/cm	照度值/lx	估算光强值/cd
0°			
5°			
10°			
15°			
20°			
25°			
30°			
35°			
40°			
45°			

三、光强值测量估算方法

如图 2-4-1 所示，将被测灯具视为点光源，则角度为 θ 的光强值 I_θ 可由光强方向对应工作台面测量点照度值 E_θ、灯具安装高度 h、工作台面测量点离照射中心距离 w 计算得到：

$$I_\theta = E_\theta \cdot \frac{(h^2 + w^2)}{\cos\theta}$$

【知识提炼】

一、灯具的配光曲线图

灯具的配光曲线图表示一个灯具或光源发射出的光在空间中的分布情况。它可以记录灯具的光通量、光源数量、功率、功率因数、灯具尺寸、灯具效率，以及灯具制造商、型号等信息。当然最关键的还是记录了灯具在各个方向上的光强。

二、配光曲线的分类

1. 按照对称性质分类

配光曲线按照其对称性质通常可以分为轴向对称、对称和非对称。

1）轴向对称

轴向对称又被称为旋转对称，指各个方向上的配光曲线都是基本对称的，一般的筒灯、工矿灯都是这种配光。

2）对　称

当灯具 C0°和 C180°剖面配光对称，同时 C90°和 C270°剖面配光对称时，这样的配光曲线称为对称配光。

3）非对称

非对称就是指 C0°、C180°、C90°和 C270°任意一个剖面配光不对称的情况。

2. 按照光束角度分类

配光曲线按照其光束角度通常可分为窄光束、宽光束、中等光束等。

1）窄光束

光束角：小于 20°。

2）中等光束

光束角：20° ~ 40°。

3）宽光束

光束角：大于 40°。

任何灯具在空间各方向上的发光强度都不一样，我们可以用数据或图形把照明灯具发光强度在空间的分布状况记录下来，通常用纵坐标来表示照明灯具的光强分布，以坐标原点为中心，把各方向上的发光强度用矢量标注出来，连接矢量的端点，即形成光强分布曲线，也叫配光曲线。因为大部分灯具的形状是轴对称的旋转体，其发光强度在空间的分布也是轴对称的。所以，通过灯具轴线取任一平面，以该平面内的光强分布曲线来表明照明灯具在整个空间的分布即可。

如果照明灯具发光强度在空间的分布是不对称的，例如长条形的荧光灯具，则需要用若干测光平面的光强度分布曲线来说明空间光分布。取同灯具长轴相垂直的通过灯具中心下垂线的平面为 C0°平面，与 C0°平面垂直且通过灯具中心的下垂线的平面为 C90°平面。至少要用 C0°、C90°两个平面的光强分布说明非对称灯具的空间配光。

【思考题】

（1）灯具配光曲线的基本形式是什么？

（2）光强分布曲线描述的是灯具的（　　）。

A. 光通量　　B. 光强　　C. 光照度　　D. 光效

任务五　灯具照明模拟仿真

【任务描述】

为有效避免教室照明对师生视力健康的影响，需对教室场景进行照明应用仿真，通过布置黑板照明灯具和教室照明灯具保证教室和黑板的各项照明指标均符合国家标准要求。

【任务目标】

知识目标

（1）了解教室的国家照明指标要求。
（2）掌握 DIALux evo 建模的基本操作方法。

技能目标

（1）熟练使用 DIALux evo 软件建模。
（2）掌握灯具照明的模拟仿真方法。

【任务实施】

一、建模要求

用 DIALux evo 建立教室模型，空间尺寸：长 10 m、宽 8 m、高 3.6 m。黑板书写区尺寸：长 4.2 m、高 1.5 m、厚度 0.2 m，黑板下沿离地高 1 m。只需建立室内空间及黑板模型。

创建课桌评估区域（宽 5.2 m、长 7 m，距前墙 2 m，距左右墙 1.4 m，距后墙 1 m，高 0.75 m），创建黑板面评估区域（与黑板尺寸大小及位置一致）。

二、照明仿真要求

（1）要求满足黑板照度≥500 lx，照度均匀度≥0.8，照度均匀度越高越好，黑板计算点 3 × 10 个，黑板灯不超过 3 个。

（2）要求满足课桌照度≥300 lx，照度均匀度≥0.7，照度均匀度越高越好，眩光值<19（测量点：位于教室中心线上，离教室后墙垂直 1 m、高 1.2 m），课桌计算点间距 1 m × 1 m。

（3）在满足要求（2）的情况下，教室照明光源（不计黑板照明灯具）总功率越低越好。所有灯具选型从给定的产品库中选取，应满足防护等级≥IP62。

三、实施步骤

（1）选择室内设计，如图 2-5-1 所示。

图 2-5-1　选择室内设计

（2）根据要求设置尺寸（长 10 m、宽 8 m、高 3.6 m、厚度 0.2 m），如图 2-5-2 所示。

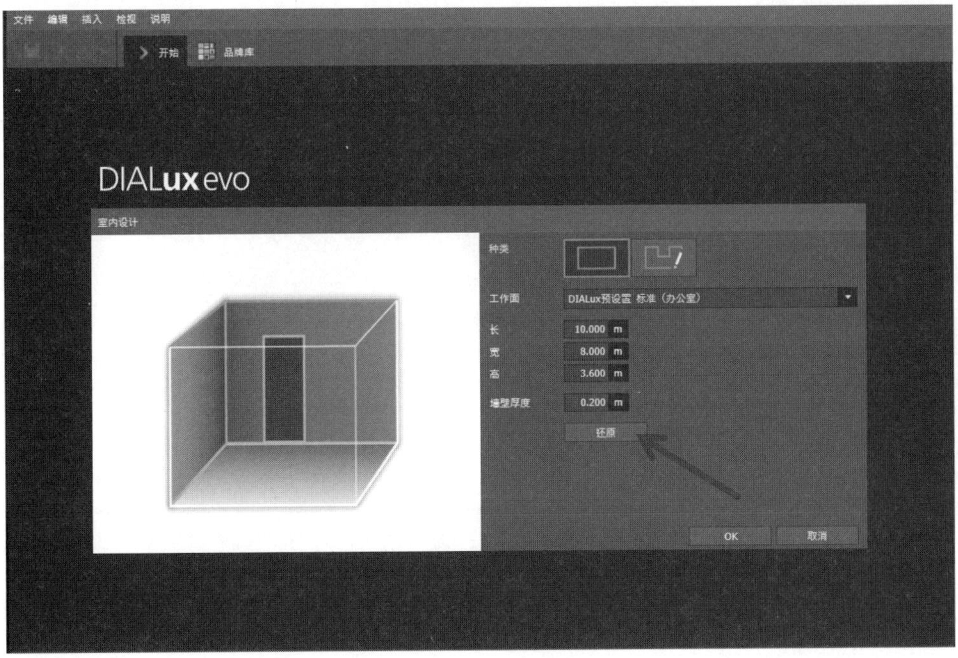

图 2-5-2　设置尺寸

（3）点击空间层面，如图 2-5-3 所示。

图 2-5-3　点击空间层面

（4）绘制黑板（长 4.2 m、高 1.5 m、厚 0.2 m、离地 1 m），如图 2-5-4 所示。

点击家具及物件→选择正方体→植入单个物体→根据所需尺寸、位置进行更改。

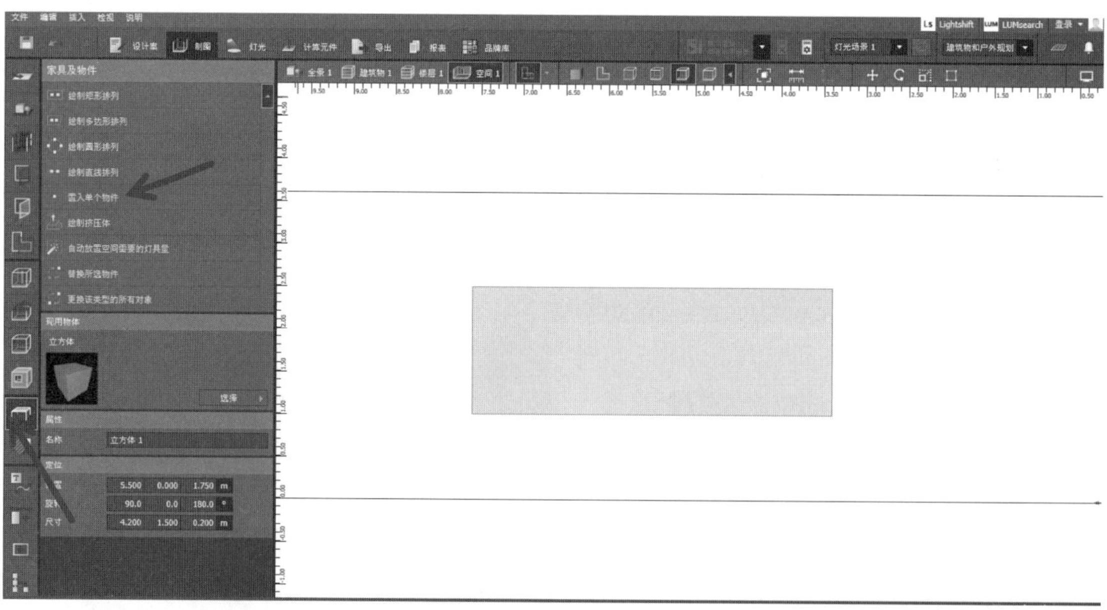

图 2-5-4　绘制黑板

（5）根据要求绘制计算面（课桌计算面宽 5.2 m、长 7 m，距离前墙 2 m，距离后墙 1 m，高 0.75 m，与左右墙距离一致），计算点间距 1 m × 1 m，如图 2-5-5 所示。

点击计算原件→绘制计算面→填写长宽高尺寸及位置→选择所需的计算参数。

图 2-5-5　绘制课桌计算面

绘制黑板计算面，如图 2-5-6 所示。

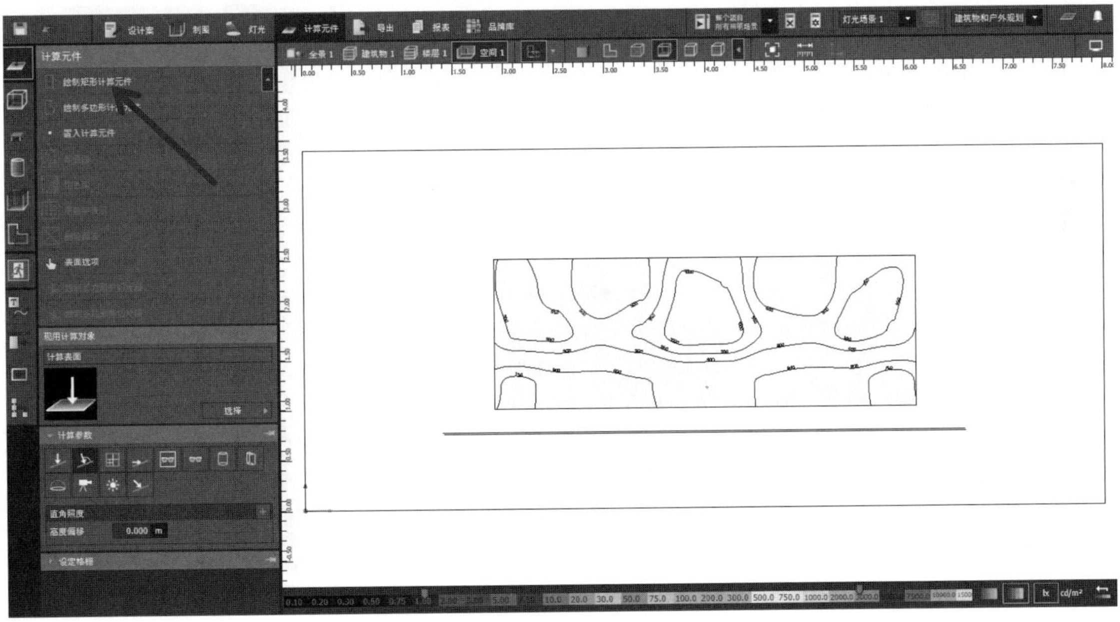

图 2-5-6　绘制黑板计算面

（6）添加灯具，课桌照度要求≥300 lx，照度均匀度≥0.7，眩光值<19（测量点位于教室中心线上，离后墙 1 m，高 1.2 m）。

点击灯光→根据所需照度要求选择品牌灯具→根据照度、平均度要求调制灯具数量、位置、角度，如图 2-5-7 所示。

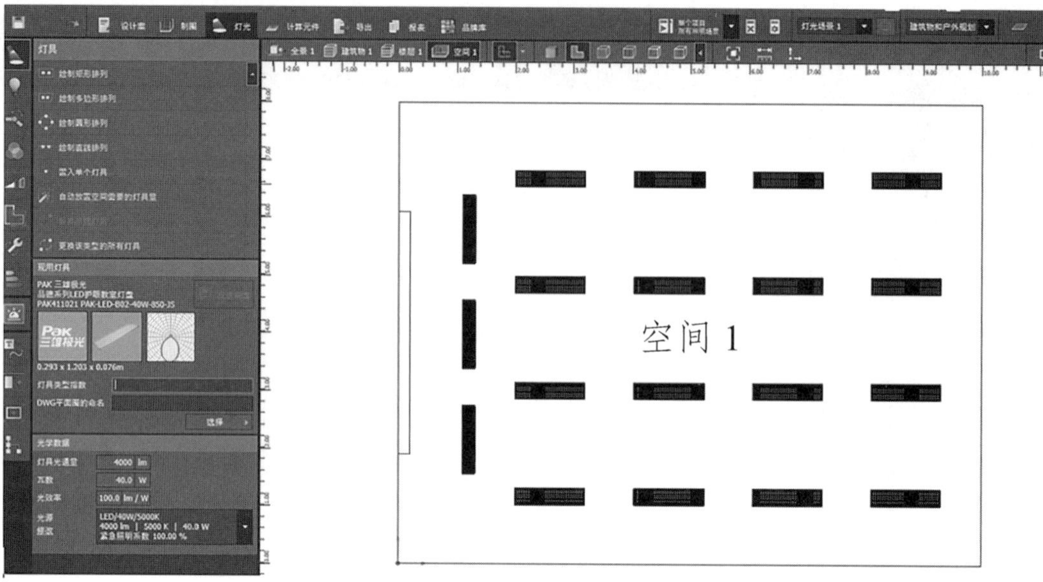

图 2-5-7　添加灯具

黑板照明要求：课桌照度要求≥500 lx，照度均匀度≥0.8，如图 2-5-8 所示。

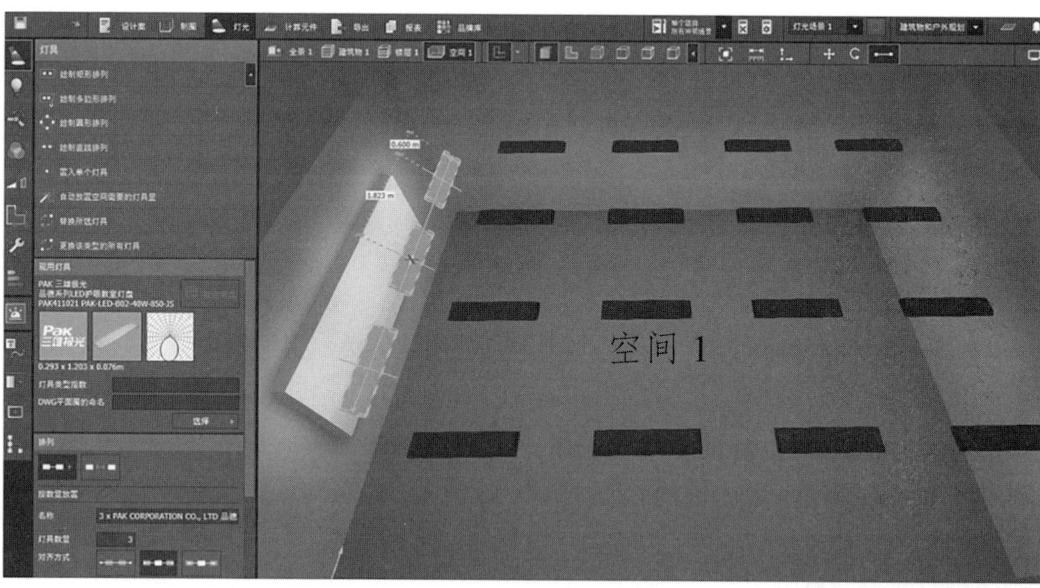

图 2-5-8　添加黑板照明灯具

（7）点击整个项目所有照明场景，计算照度值是否符合要求，如图 2-5-9 所示。
（8）导出报表，如图 2-5-10 所示。

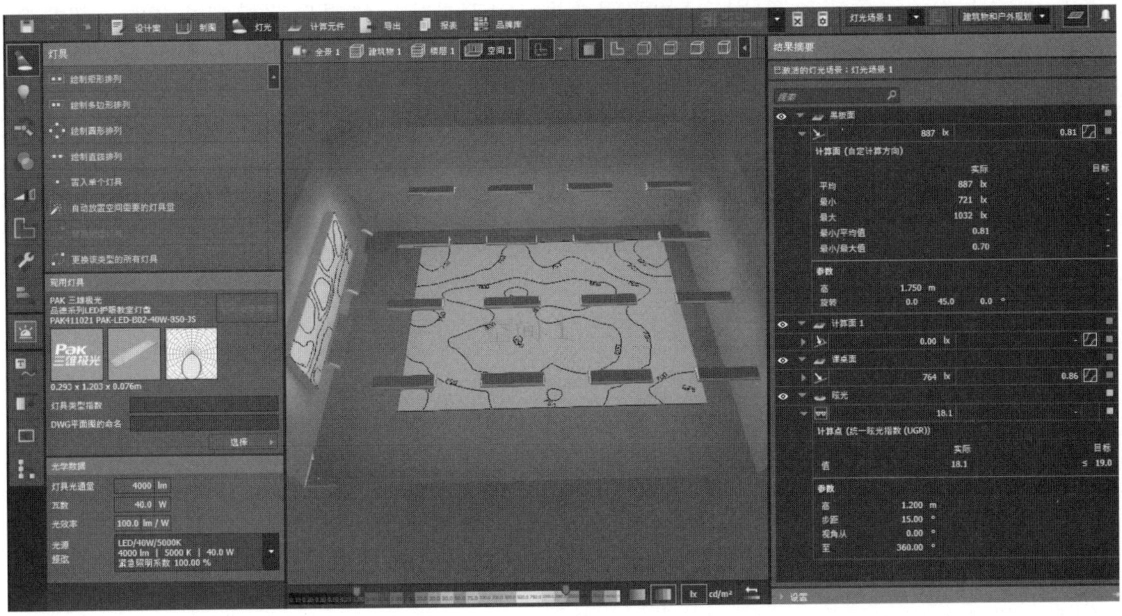

图 2-5-9　计算照度值

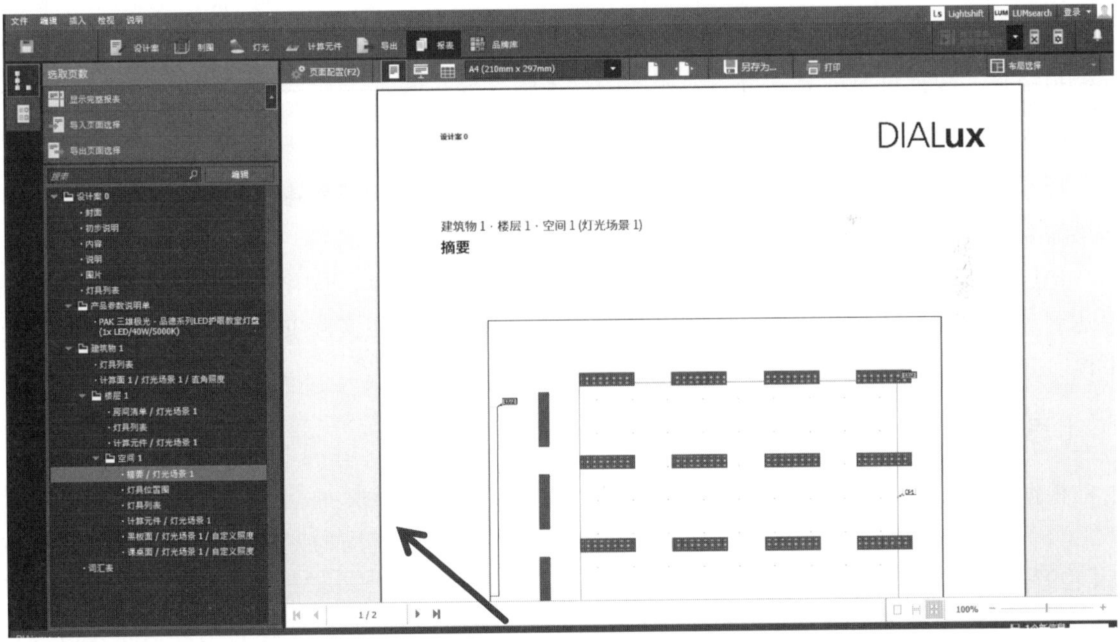

图 2-5-10　导出报表

【知识提炼】

灯具照明模拟仿真

灯具照明模拟仿真是一种利用计算机软件进行灯具照明效果模拟的方法，可以帮助人们在实际安装之前预先预测和评估灯具的照明效果。以下是进行灯具照明模拟仿真的一般步骤：

1. 选择合适的软件

选择适合的灯具照明模拟软件，如 DIALux、Relux 或 Visual Lighting 等。这些软件都提供了丰富的灯具库和光参数调节功能，能够进行较为精确的照明效果模拟。

2. 建立场景

在软件中创建一个模拟的照明场景，包括房间的平面布置、墙壁、地板、家具等元素的几何模型。可以通过导入 CAD 图纸或手动创建来完成。

3. 选择灯具

从软件的灯具库中选择适合场景的灯具，并将其布置在正确的位置上。根据实际需要，可以设置灯具的功率、色温、光束角度等参数。

4. 设置环境

设置环境的光线条件，包括自然光、窗户、窗帘等因素。可以模拟不同时间、不同光照条件下的照明效果。

5. 进行模拟

运行模拟仿真程序，根据所设置的参数和场景来计算和模拟灯具的照明效果。软件会生成模拟结果，包括灯具的亮度分布、照度图、光强度分布等。

6. 评估效果

根据模拟结果评估灯具的照明效果，检查照度、均匀性、反射率等因素是否满足需求。如果需要，可以进行参数调整和优化，重新进行模拟。

通过灯具照明模拟仿真，可以直观地了解灯具的照明效果，优化灯具的选择和布置，确保达到理想的照明效果。同时，可以节约时间和成本，减少在实际安装和调整阶段的不必要工作。

【思考题】

根据任务实施中的建模要求，完成照明仿真，满足以下要求：

（1）要求满足黑板照度≥500 lx，照度均匀度≥0.8，照度均匀度越高越好，黑板计算点 3×12 个，黑板灯不超过 4 个。

（2）要求满足课桌照度≥400 lx，照度均匀度≥0.9，照度均匀度越高越好，眩光值＜17（测量点：位于教室中心线上，离教室后墙垂直 1 m，高 1.2 m），课桌计算点间距 1.5 m×1.5 m。

（3）在满足要求（2）的情况下，教室照明光源（不计黑板照明灯具）总功率越低越好。所有灯具选型从给定的产品库中选取，应满足防护等级≥IP62。

【项目评价】

1. 考核评价表（见表 2-5-1）

表 2-5-1　考核评价表

内容	目标	标准	方式	权重	自评	评价
出勤与安全情况	让学生养成良好的工作习惯	100 分	以 100 分为基础，按这 6 项的权重给分，其中“任务完成及项目展示汇报情况”具体评价见“任务完成度”评价表	10%		
学习、工作表现	学生参与工作的态度与能力			15%		
回答问题的表现	学生掌握知识与技能的程度			15%		
团队合作情况	小组团队合作情况			10%		
任务完成及项目展示汇报情况	小组任务完成及汇报情况			40%		
拓展能力情况	拓展能力提升状态，任务完成情况			10%		
创造性学习（附加分）	考核学生的创新意识	10 分	老师以 10 分为上限，奖励工作中有突出表现和特色做法的学生	加分项		
学习成绩=出勤情况×20%+学习及工作表现×20%+知识及技能掌握×20%+团队合作情况×10%+任务完成情况×30%+创造性学习						

2. 任务完成度评价表（见表 2-5-2）

表 2-5-2　任务完成度评价表

任务	要求	权重	分值

3. 项目总结（见表 2-5-3）

表 2-5-3　项目总结

项目学习情况：
心得与反思：

项目 三　室外道路照明仿真设计

【项目描述】

某城市主干路，双向 6 车道，道路红线宽 45 m，设计速度 60 km/h。标准段断面形式为：4.0 m（人行道）+3.5 m（非机动车道）+2.5 m（绿化带）+11.25 m（机动车道）+2.5 m（中央绿化带）+11.25 m（机动车道）+2.5 m（绿化带）+3.5 m（非机动车道）+4.0 m（人行道），如图 3-0-1 所示。通过本项目的学习，完成道路照明灯具的布局和仿真验证。

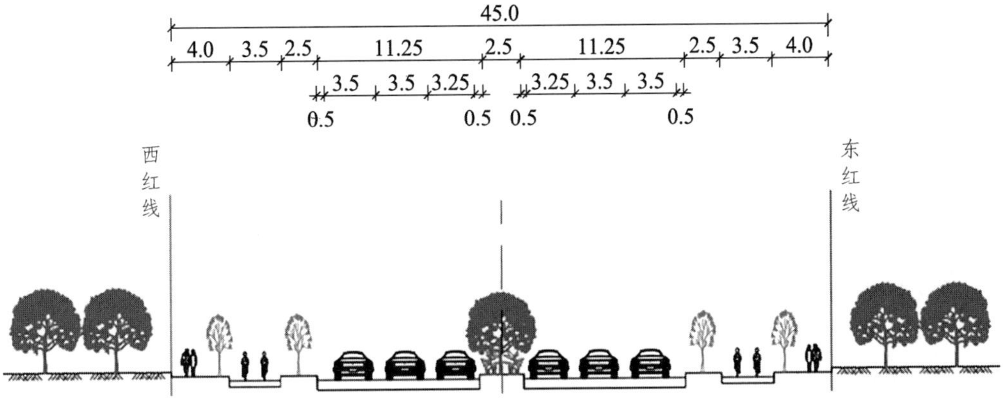

图 3-0-1　某城市主干路

【学习目标】

（1）掌握道路照明的基本设计逻辑。

（2）掌握道路照明的模拟仿真。

（3）掌握眩光效应和新光源在道路照明中的应用情况。

【技能目标】

（1）熟练使用 DIALux evo 软件进行道路照明建模仿真。

（2）能够查阅资料设计照明方案。

任务一　道路照明的基本设计逻辑

【任务描述】

更好地完成道路照明设计，需要道路设计的先进理念，需要前期具备相应的理论知识。学生可以提前了解照明设计的逻辑，之后教师再讲解道路照明设计相关知识，课后学生再深入探究及学习。

【任务目标】

知识目标

（1）掌握道路照明标准的查阅方法。
（2）掌握道路照明的分类。
（3）掌握道路照明的评价指标。

技能目标

（1）能进行道路照明的常用计算。
（2）能根据计算值选择合适的灯具进行灯具布局设计。
（3）能够运用标准及相关理论知识完成道路照明的设计。

【任务实施】

一、设计标准

为确保城市道路照明给各车辆驾驶人员以及行人创造良好的视觉环境，达到保障交通安全、提高交通运输效率、方便人民生活、满足治安防范需求和美化城市环境的目的，住房城乡建设部制定了《城市道路照明设计标准》（CJJ45—2015）。在进行道路照明设计之前，首先要根据道路的等级和类型来明确路面照度、亮度等参数应达到的设计标准。《城市道路照明设计标准》对道路照明的分类、评价指标及车道照明标准都有具体的规定和说明。

1. 道路照明分类

根据道路使用功能，城市道路照明可分为主要供机动车使用的机动车道照明和交会区照明以及主要供行人使用的人行道照明。机动车道照明应按快速路与主干路、次干路、支路分为三级。人行道照明应按交通流量分为四级。

2. 道路照明评价指标

机动车道照明应采用路面平均亮度或路面平均照度、路面亮度总均匀度和纵向均匀度或路面照度均匀度、眩光限制、环境比和诱导性作为评价指标。交会区照明应采用路面平均照度、路面照度均匀度和眩光限制作为评价指标。人行道照明和非机动车道照明应采用路面平均照度、路面最小照度、垂直照度、半柱面照度和眩光限制作为评价指标。

3. 机动车道照明标准值

设置连续照明的机动车道的照明标准值应符合表 3-1-1 的规定。

表 3-1-1　机动车道照明标准值

级别	道路类型	路面亮度			路面照度		眩光限制阈值增量 TI/% 最大初始值	环境比 SR 最小值
		平均亮度 L_{av}/（cd/m^2）维持值	总均匀度 U_o 最小值	纵向均匀度 U_L 最小值	平均照度 $E_{h,av}$/lx 维持值	均匀度 U_E 最小值		
Ⅰ	快速路、主干路	1.50/2.00	0.4	0.7	20/30	0.4	10	0.5
Ⅱ	次干路	1.00/1.50	0.4	0.5	15/20	0.4	10	0.5
Ⅲ	支路	0.50/0.75	0.4	—	8/10	0.3	15	—

应根据《城市道路照明设计标准》附录 A 中的平均亮度系数，计算求得为获得路面平均亮度而在沥青路面和水泥混凝土路面分别需要的平均照度。

可根据亮度系数（q）按下列公式进行亮度计算（见图 3-1-1）：

$$L = qE = q(\beta,\gamma)E(c,\gamma)$$

或
$$L = \frac{q(\beta,\gamma)I(c,\gamma)}{H^2}\cdot\cos^3\gamma$$

或
$$L = r(\beta,\gamma)\frac{I(c,\gamma)}{H^2}$$

式中，$r(\beta,\gamma)=q(\beta,\gamma)\cos^3\gamma$ 为简化亮度系数；$I(c,\gamma)$ 为灯具指向 c 、γ 所确定的方向上的光强；L 为路面上某点的亮度；E 为路面上某点的照度。

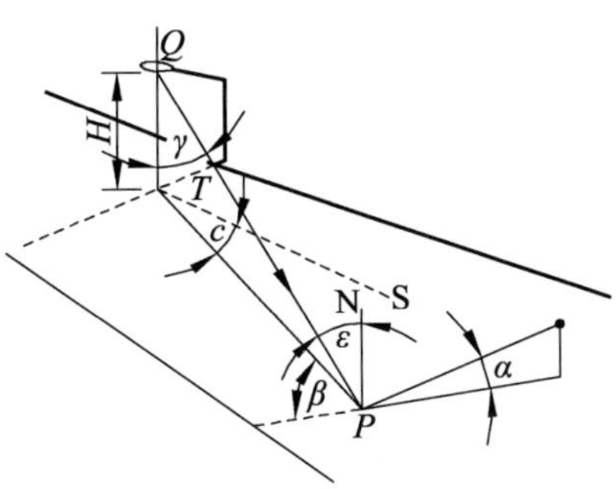

注：图中 β 为光的入射平面和观察平面之间的角度，γ 为入射光线的垂直角。

图 3-1-1　确定路面亮度系数的角度关系

计算路面的维持平均亮度或维持平均照度时应按表 3-1-2 确定维护系数。

表 3-1-2　道路照明灯具维护系数

灯具防护等级	维护系数
≥IP65	0.70
<IP65	0.65

二、灯具布置

应根据道路和场所的特点及照明要求，选择常规照明方式、半高杆照明方式或高杆照明方式进行道路照明设计。常规照明灯具的布置可分为单侧布置、双侧交错布置、双侧对称布置、中心对称布置和横向悬索布置 5 种基本方式。

1. 照明方式

采用常规照明方式时，应根据道路横断面形式、道路宽度及照明要求进行选择，并应符合下列规定：灯具的悬挑长度不宜超过安装高度的 1/4，灯具的仰角不宜超过 15°。常规道路照明灯具按其配光分为截光型、半截光型、非截光型 3 类。城市主干路必须采用截光型或半截光型灯具。任何道路照明设施不得侵入道路建筑限界内。灯具的布置方式、安装高度和间距应按表 3-1-3 经计算后确定。

表 3-1-3　灯具的配光类型、布置方式与灯具的安装高度、间距的关系

配光类型	截光型		半截光型		非截光型	
布置方式	安装高度 H/m	间距 S/m	安装高度 H/m	间距 S/m	安装高度 H/m	间距 S/m
单侧布置	$H \geqslant W_{eff}$	$S \leqslant 3H$	$H \geqslant 1.2W_{eff}$	$S \leqslant 3.5H$	$H \geqslant 1.4W_{eff}$	$S \leqslant 4H$
双侧交错布置	$H \geqslant 0.7W_{eff}$	$S \leqslant 3H$	$H \geqslant 0.8W_{eff}$	$S \leqslant 3.5H$	$H \geqslant 0.9W_{eff}$	$S \leqslant 4H$
双侧对称布置	$H \geqslant 0.5W_{eff}$	$S \leqslant 3H$	$H \geqslant 0.6W_{eff}$	$S \leqslant 3.5H$	$H \geqslant 0.7W_{eff}$	$S \leqslant 4H$

采用高杆照明方式时，灯具及其配置方式，灯杆位置、高度、间距，以及最大光强的瞄准方向等，应符合下列规定：可按场地情况选择平面对称、径向对称和非对称的灯具配置方式（见图 3-1-2）。布置在宽阔道路及大面积场地周边的高杆灯宜采用平面对称配置方式；布置在场地内部或车道布局紧凑的立体交叉的高杆灯宜采用径向对称配置方式；布置在多层大型立体交叉或车道布局分散的立体交叉的高杆灯宜采用非对称配置方式。对于各种灯具配置方式，灯杆间距和灯杯高度均应根据灯具的光度参数通过计算确定。灯杆不宜设置在路边易于被机动车刮碰的位置或维护时会妨碍交通的地方。灯具的最大光强瞄准方向和垂线夹角不宜超过 65°。在环境景观区域设置的高杆灯，应在满足照明功能要求的前提下与周边环境协调。

道路照明方式选择应符合下列规定：应采用常规照明方式，并应符合《城市道路照明设计标准》第 5.1.3 条的规定；路面宽阔的快速路和主干路可采用高杆照明方式，并应符合《城

市道路照明设计标准》第 5.1.4 条的规定；在行道树遮光严重的道路，可选择横向悬索布置方式；楼群区内难以安装灯杆的狭窄街道，可选择横向悬索布置方式或墙壁安装方式。一般情况下设计人员应遵循规范标准，在确保照度和均匀度要求的基础上，按照道路结构形式的不同，充分考虑灯具布置的合理性和美观性。

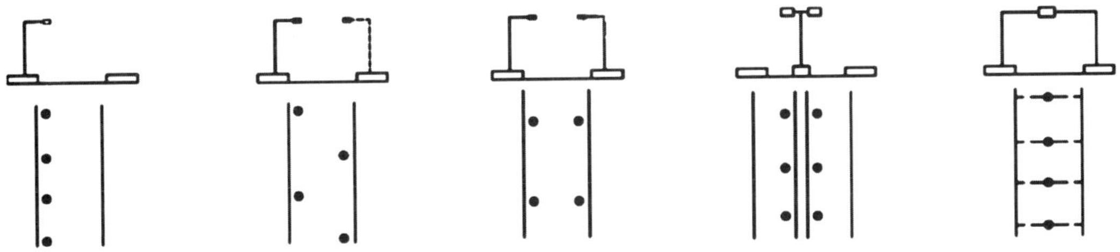

（a）单侧布置　（b）双侧交错布置　（c）双侧对称布置　（d）中心对称布置　（e）横向悬索布置

图 3-1-2　灯具配置方式

2. 灯具安装高度

影响灯具安装高度的因素很多，例如路灯间的安装距离、灯具的照明度以及灯光的均匀度等。在灯具安装高度的设计中，除了依据规范标准外，还应结合周边道路的整体布局，达到和谐统一的要求。依据规范，双侧对称布置时半截光型灯具安装高度应满足 $H \geqslant 0.6\ W_{eff}$；同时，须兼顾周边道路的灯杆高度。

3. 灯具安装间距

灯具安装间距受到许多客观条件的限制，同时这些因素又互相影响、彼此制约，诸如道路的等级、交通流量、设计速度、路宽、路面结构、灯具功率和安装高度及交叉路口等，条件不同则平面布局各异。依据规范，双侧对称布置时半截光型灯具间距应满足 $S \leqslant 3.5H$。

4. 灯具臂长及仰角

悬臂长度影响悬臂的机械强度和美观程度，进而影响其使用寿命和造价。灯具的安装仰角的调整可以增加灯具对路面横向的照射范围，但过大会造成眩光增加，也会影响慢车道和人行道的亮度。依据规范，灯具的悬挑长度不宜超过安装高度的 1/4，灯具的仰角不宜超过 15°。

三、道路照明计算

道路照明计算通常包括路面上任意点的水平照度、路面平均照度、照度均匀度、路面上任意点的亮度、亮度均匀度（包括总均匀度和纵向均匀度）、不舒适眩光和失能眩光的计算等。进行照明计算时应预先知道所选用灯具的光度数据、灯具的实际安装条件（安装高度、安装间距、悬挑长度、灯具仰角和灯具布置方式等）、道路的几何条件（道路横断面及各部分的宽度、路面材料特性等）以及所采用光源的类型和功率等。

1. 路面任意点照度计算

路面上任意点照度（逐点法计算）可根据等光强曲线图进行计算，其计算公式为

$$E_P = I_{\gamma c} \cdot \cos^2 \gamma / h^2$$

式中　$I_{\gamma c}$——灯具指向 γ 角和 c 角所确定的 P 点的光强；

γ——高度角，见图 3-1-3；

c——方位角，见图 3-1-3；

h——灯具安装高度；

E_P——灯具在 P 点产生的照度。

所以，N 个灯具在 P 点产生的总照度为各个灯具在该点照度的和。

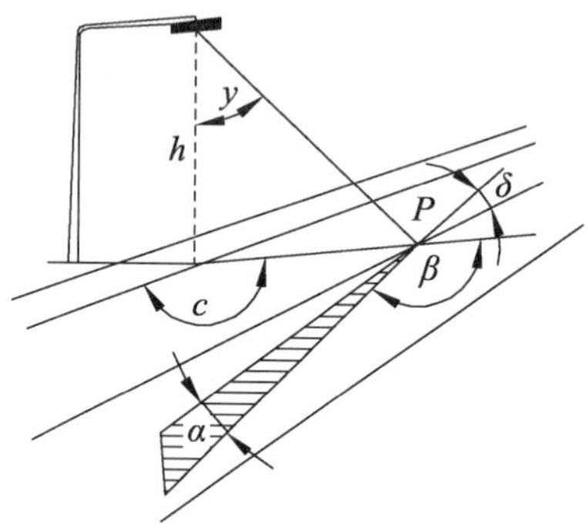

P—路面上的被观察点；α—道路使用者的观察角度（由水平线算起）；β—光的入射平面与观察平面之间的夹角；δ—观察平面与道路轴线之间的夹角。

图 3-1-3　道路照明逐点法计算

2. 路面平均照度计算

道路平均照度 E_{av} 与灯间距 S 的关系如下：

$$E_{av} = \frac{\phi UKN\eta}{SW}$$

式中，ϕ 为光源光通量，lm；N 为灯具数量；U 为利用系数，依据灯具利用系数曲线查出，该工程取 0.7；K 为维护系数，依据规范取 0.7；η 为灯具效率，一般取 0.71；S 为布灯间距，m；W 为计算路面宽度，m。

3. 照明功率密度计算

计算功率密度值是为了验证设计是否满足《城市道路照明设计标准》对节能标准功率密度限值的要求。功率密度计算公式为

$$\text{功率密度} = \frac{P_1 N}{SW}$$

【思考题】

道路几何条件如图 3-1-4 所示，光源光通量 Φ=2 000 lm，灯具安装高度 h=10 m，间距=50 m，单向车行道宽度 w=6 m，观察者位于右侧灯具的排列线上。路面的 Q_0=0.1，亮度产生系数曲线如

图 3-1-5 所示，试求出右侧车行道的路面平均亮度。

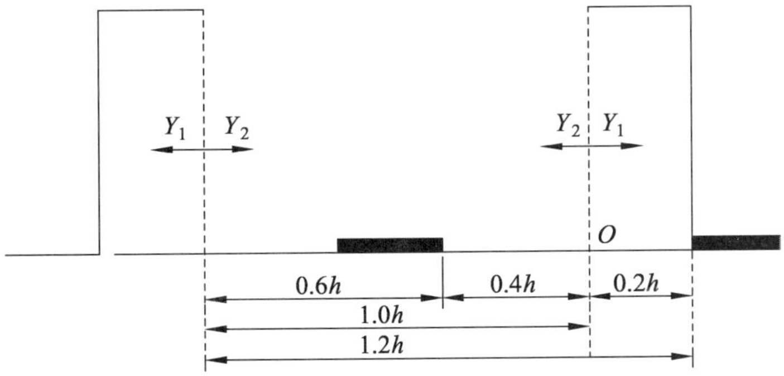

图 3-1-4　道路几何条件图

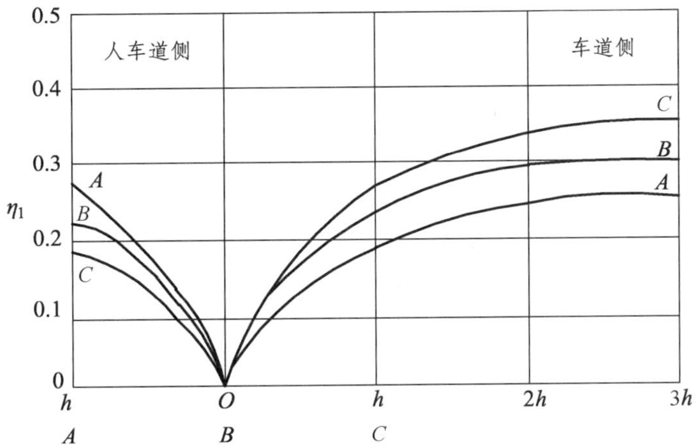

图 3-1-5　所采用灯具的亮度产生曲线图

任务二　道路照明模拟仿真

【任务描述】

如图 3-0-1 所示的某城市主干路，对在道路两侧机动车道、非机动车道隔离带中布设路灯的照明设计方法及参数计算等进行详细分析，并用 DIALux 照明仿真软件建立 LED 光源下的道路仿真模型。

【任务目标】

知识目标

（1）能利用 DIAlux 软件进行道路照明仿真分析。
（2）能通过仿真结果验证道路照明设计的合理性。

技能目标

（1）熟练运用照明软件进行建模。
（2）熟练运用照明软件进行仿真。

【任务实施】

一、仿真建模

首先，根据道路照明标准横断面图，结合不同使用功能道路的照明标准值设置相应的评价标准，在 DIALux 照明仿真软件中建立该道路机动车道、非机动车道隔离带布灯的空间模型。方案采用双臂路灯双侧对称布灯方式，路灯灯杆布置于侧分带内；行车道侧照明光源为 250 W LED 灯具，安装高度 H 为 10 m；非机动车道侧照明光源为 70 W LED 灯具，安装高度 H 为 8 m，杆距 S 为 35 m；机动车道侧平均照度值为 34 lx，人行道侧平均照度为 17 lx。

1. 开始：选择道路照明（见图 3-2-1）

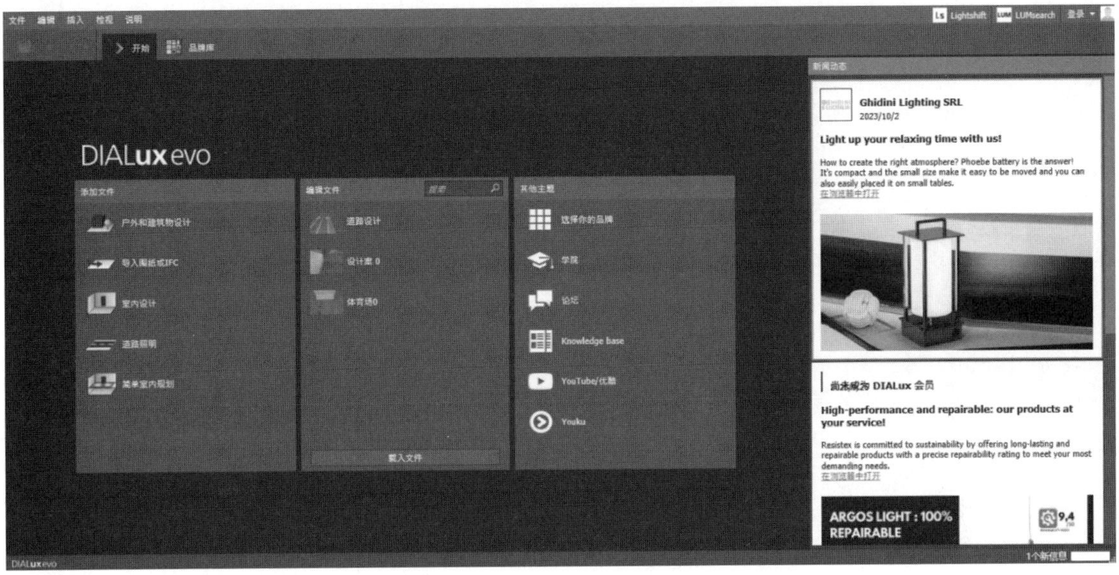

图 3-2-1　开始：选择道路照明

2. 点击“街道属性”（见图 3-2-2）

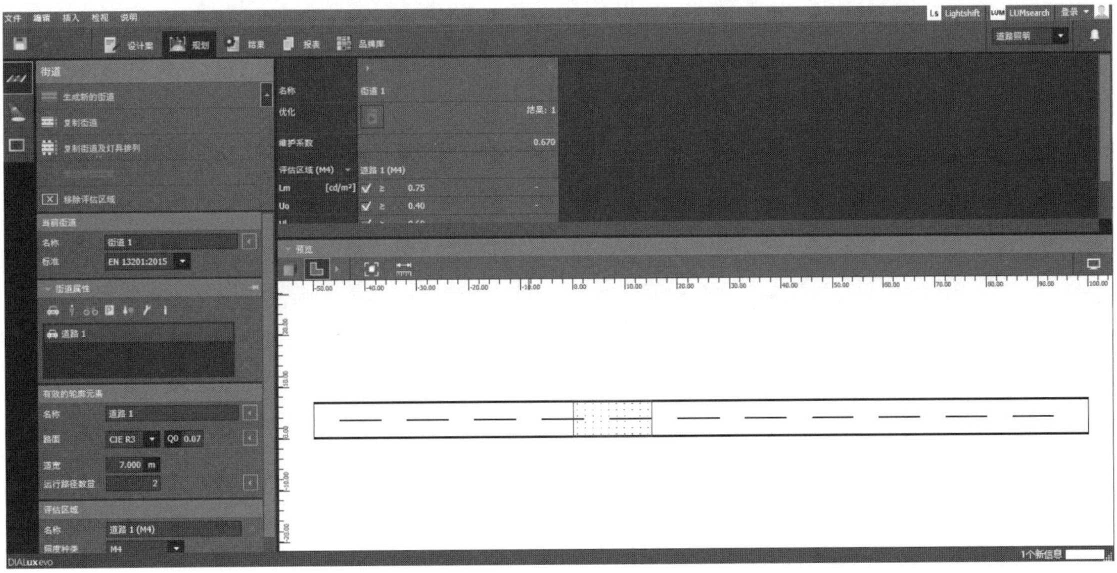

图 3-2-2　点击“街道属性”

3. 根据任务要求添加相应的场景元素（见图 3-2-3）

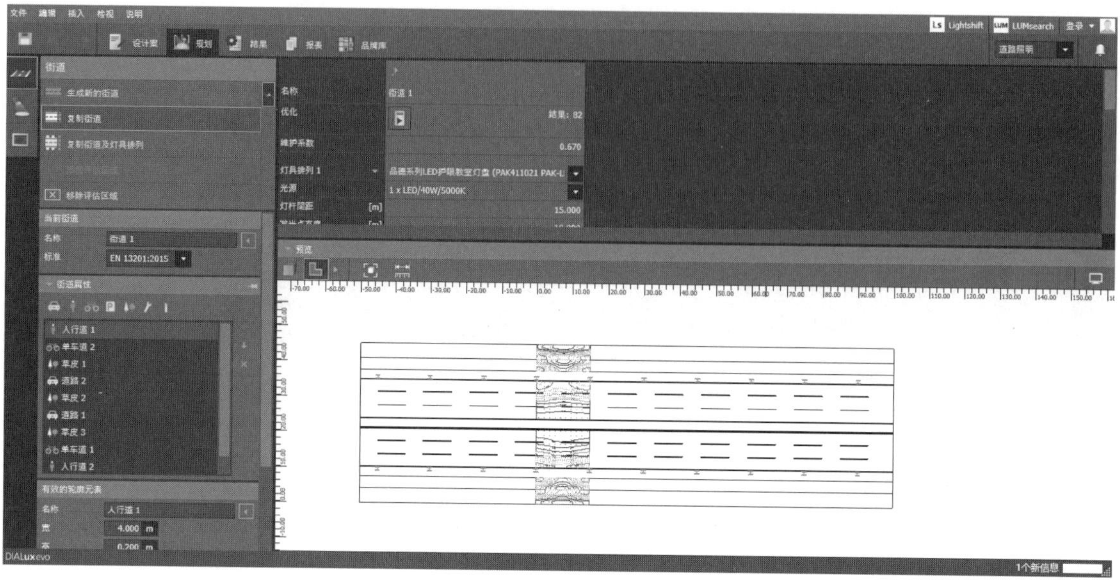

图 3-2-3　添加相应的场景元素

4. 点击预览查看三维图像（见图 3-2-4）

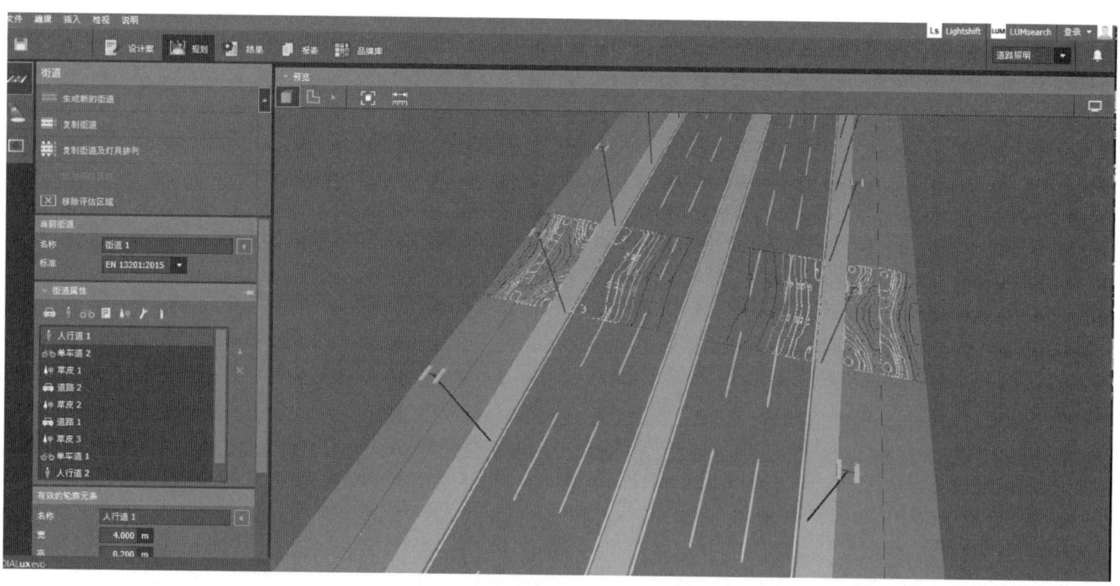

图 3-2-4　点击预览查看三维图像

5. 点击灯光，选择添加灯具排列（见图 3-2-5）

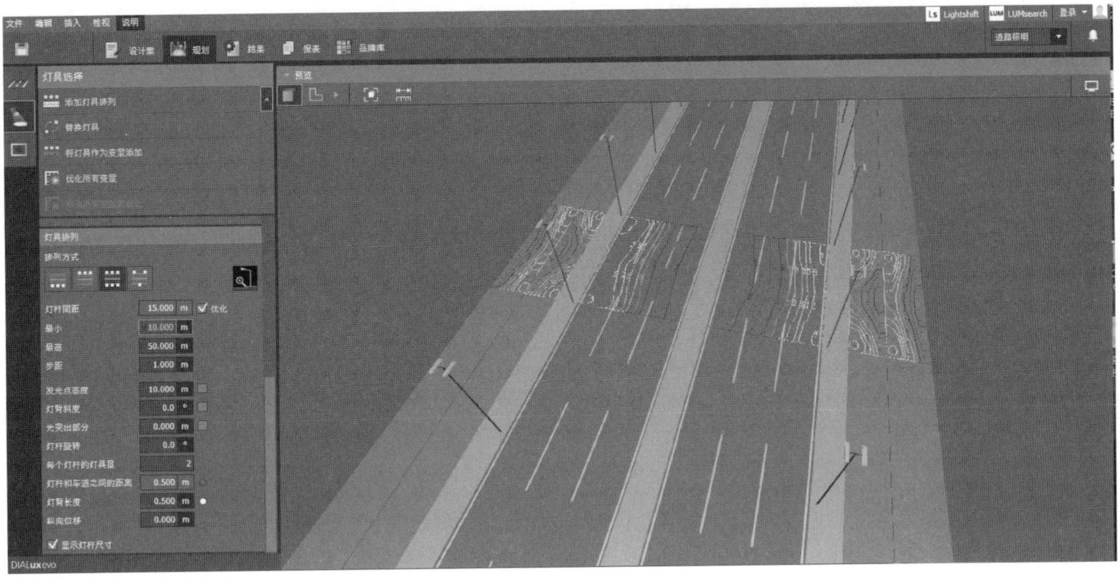

图 3-2-5　选择添加灯具排列（路灯高为 10 m）

二、仿　真

检查道路参数、灯具参数和不同使用功能道路照明评价标准的设置是否正确，并进行道路照明的仿真计算。

1. 点击添加灯具排列（见图 3-2-6）

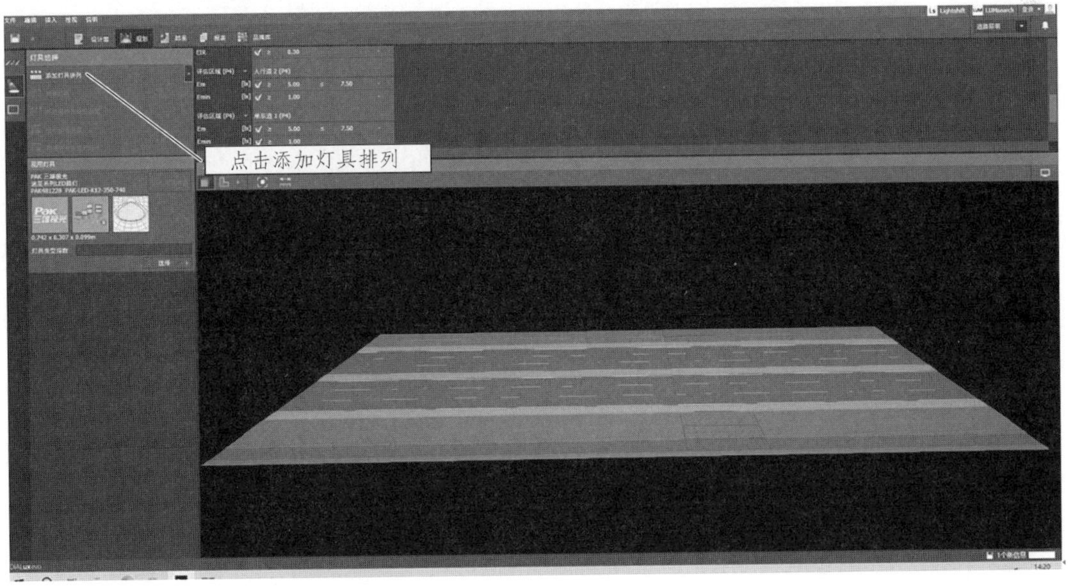

图 3-2-6　点击添加灯具排列

2. 选择与任务要求相同的灯具（见图 3-2-7）

图 3-2-7　选择与任务要求相同的灯具

3. 点击对称排列，根据任务要求更改相应参数（见图 3-2-8）

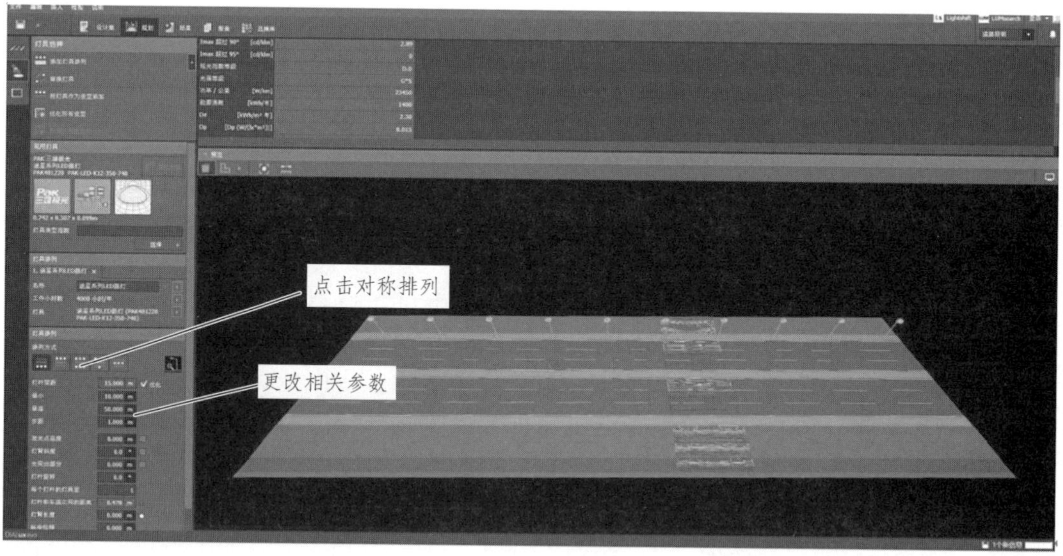

图 3-2-8　点击对称排列

4. 修改发光点高度（见图 3-2-9）

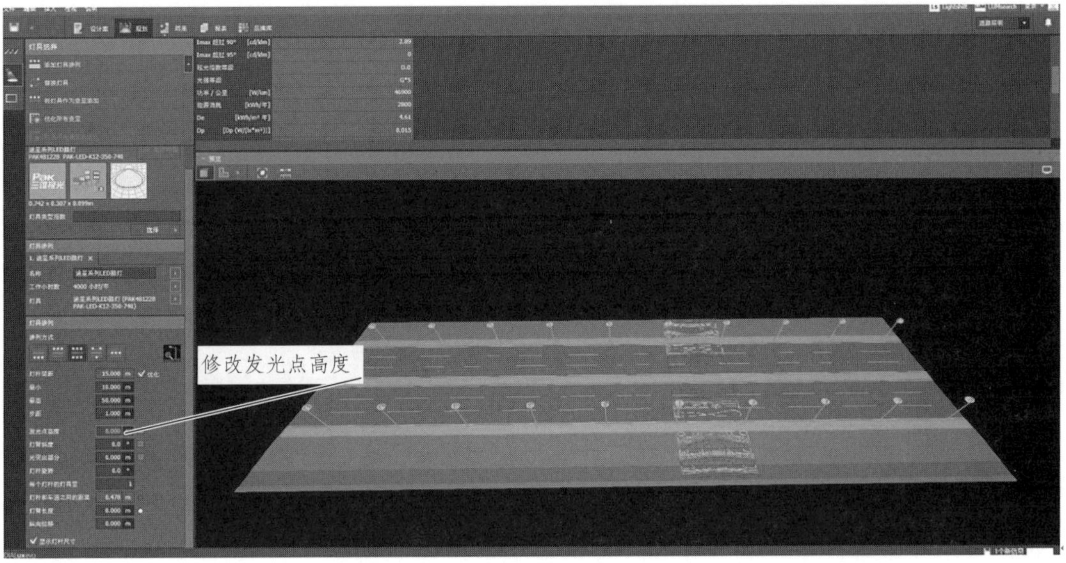

图 3-2-9　修改发光点高度

此时机动车道灯具已经仿真完成，下面开始放置非机动车道灯具。

5. 再次点击灯具排列，选择与任务要求相同的灯具（见图 3-2-10）

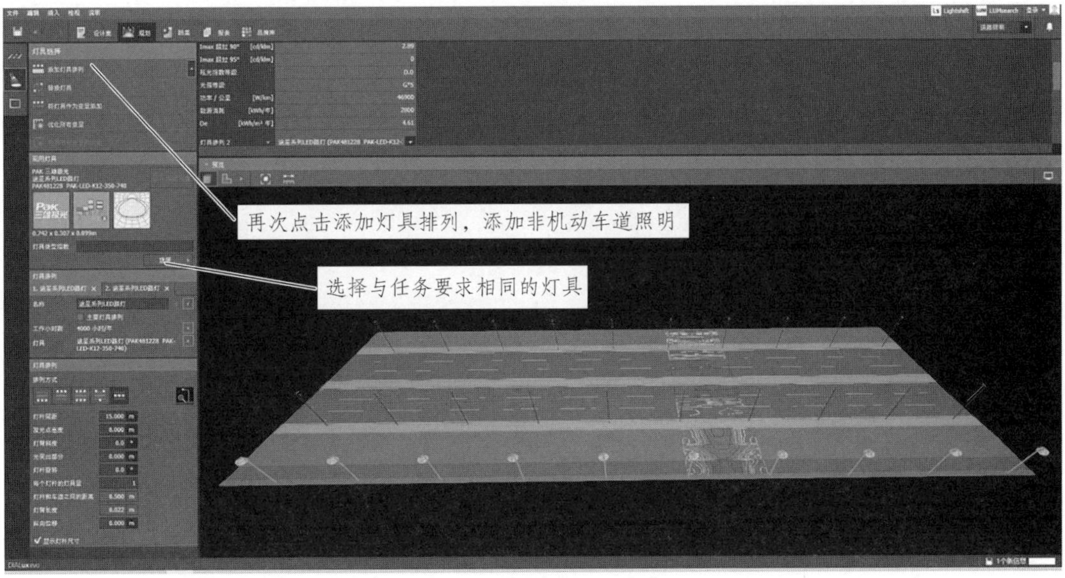

图 3-2-10　再次点击灯具排列

6. 点击对称排列，修改发光点高度（见图 3-2-11）

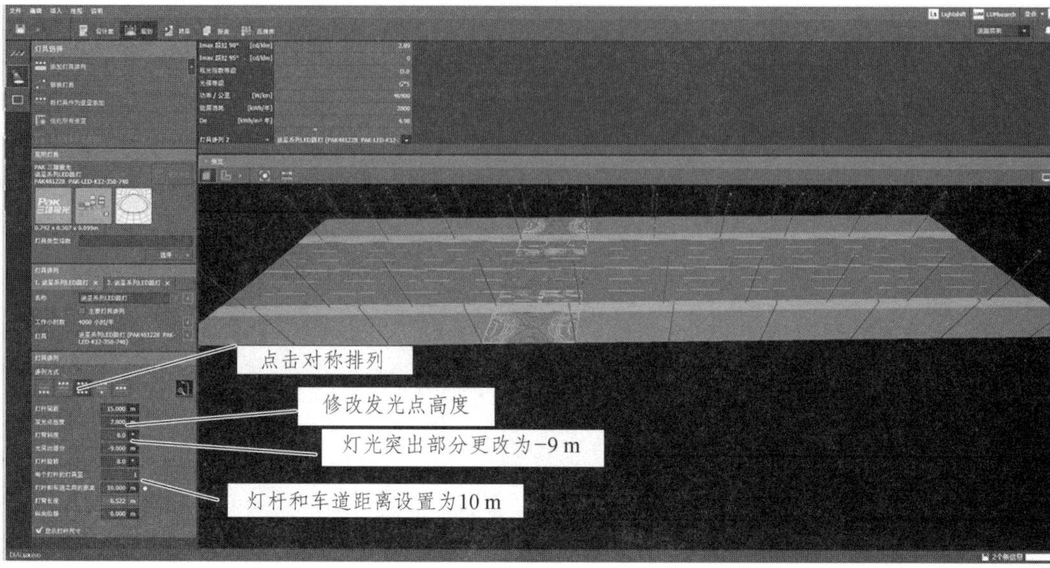

图 3-2-11　点击对称排列

7. 灯臂长度修改为 0.522 m（见图 3-2-12）

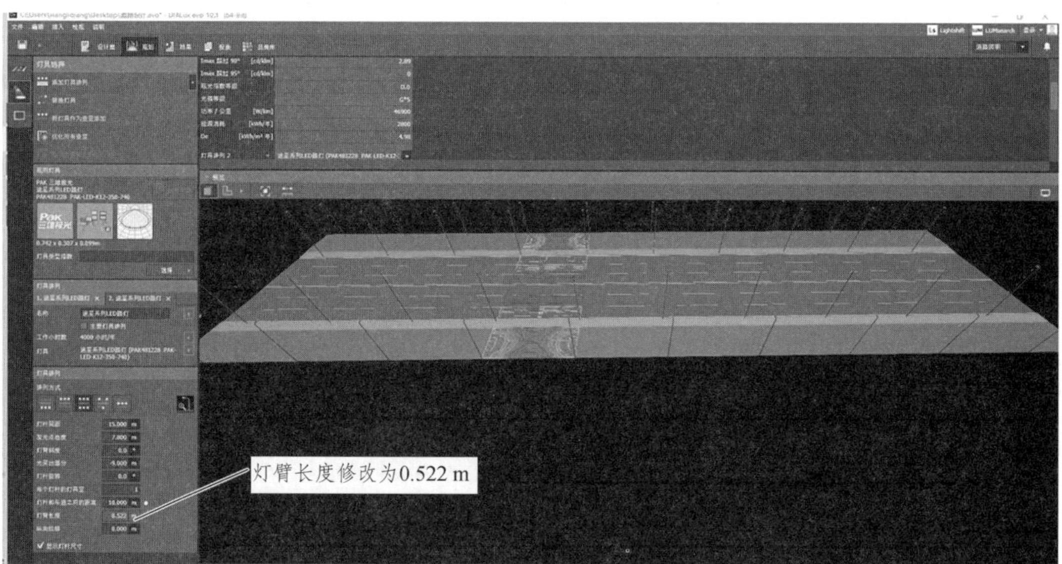

图 3-2-12　修改灯臂长度

8. 打开仿真参数查看相应目标值是否达标（见图 3-2-13）

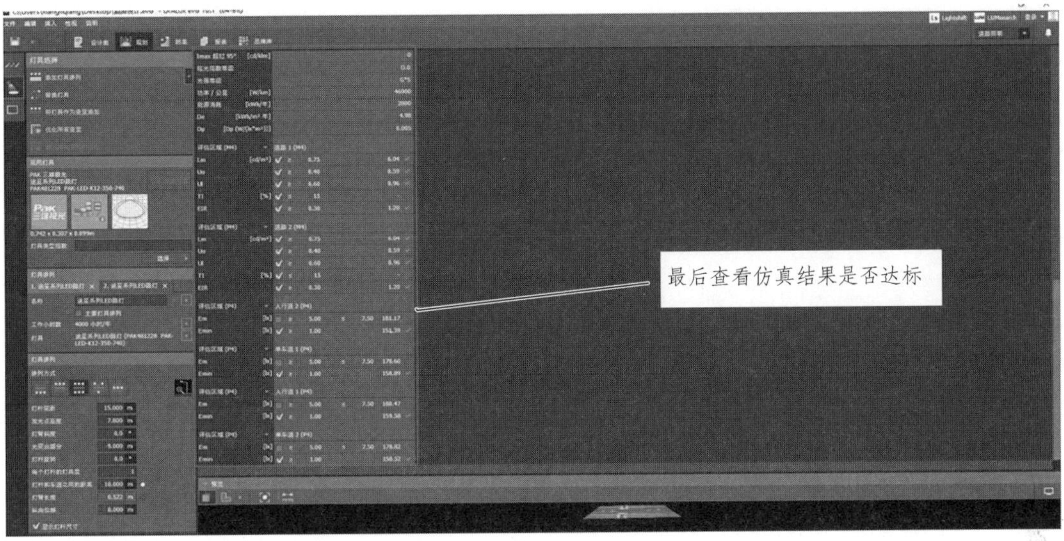

图 3-2-13　打开仿真参数查看相应目标值达标

三、结果输出

最后结果如表 3-2-1、表 3-2-2、图 3-2-14 所示。

表 3-2-1　单车道 2（P4）评估结果

参数	计算值	目标值	是否达标
最小照值	150.52 lx	≥1.00 lx	√
平均照度	178.82 lx		

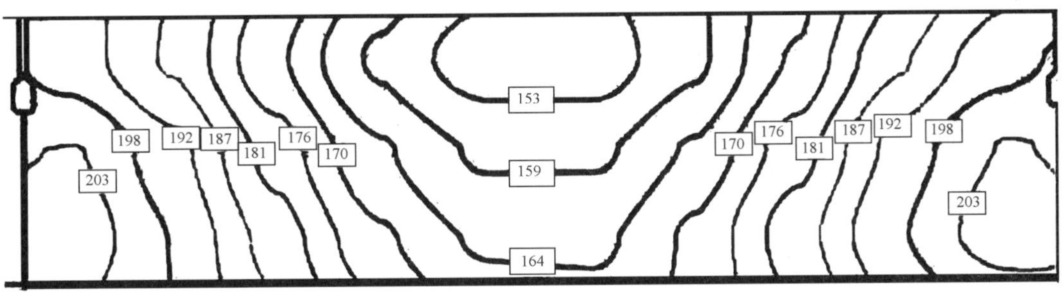

（a）

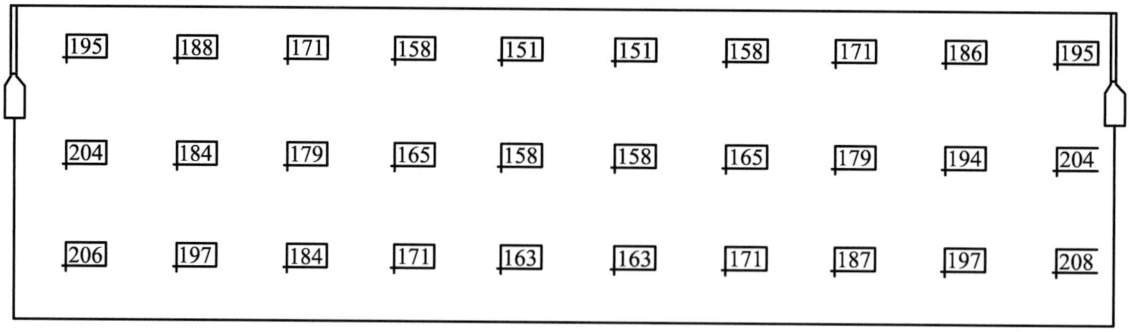

（b）

图 3-2-14　单车道 2（P4）的照度分布情况

表 3-2-2　水平照度路灯的维护值（点照度值）

参数	平均照度	最小照度	最大照度	g_1	g_2
水平照度路灯的维护值	179 lx	151 lx	206 lx	0.84	0.73

【思考题】

用仿真软件设计一个双向八车道的道路，采用中间分隔岛高杆路灯照明。机动车道和非机动车道被草坪分割开，非机动车道旁边是人行道。在草坪上设置路灯照明对非机动车道和人行道进行照明，并对机动车道的照明进行补光。

任务三　眩光效应及新光源在道路照明中的应用

【任务描述】

本任务主要学习眩光效应、新光源在道路照明中的应用，在设计方案时需要考虑节能等因素。学生可以提前学习，老师再讲解道路照明设计相关知识，课后学生再深入探究及学习。

【任务目标】

知识目标

（1）了解眩光效应产生的原因。
（2）了解眩光的种类及常用的限制方法。
（3）了解电光源的种类及特点。
（4）掌握 LED 光源的特点。

技能目标

（1）能够准确分析眩光效应。
（2）掌握新光源在道路照明中的应用。

【任务实施】

一、眩光效应

眩光是视野中的亮度分布或亮度范围不适宜，或存在极端的对比，以致引起不舒适感觉，降低观察目标或细部的视觉状态。眩光分为由高亮度光源直接引起的直接眩光、由高反射系数表面反射亮度引起的反射眩光和有反射直接进入人眼睛产生视觉困难的光幕眩光。另外，眩光按其效应又可分为失能眩光和不属实眩光。眩光是影响照明质量的重要因素。

眩光效应的严重程度取决于光源的亮度和大小、光源在视野内的位置、观察者的视线方向、照度水平和表面反射系统等诸多因素，其中光源的亮度是最主要的。眩光会产生不舒适感，严重的还会损害视觉功效，所以必须避免眩光干扰。

眩光限制首先应从直接型灯具的遮光角来加以限制。一般灯的平均亮度在 1 ~ 20 kcd/m^2 时，需要 10°遮光角；20 ~ 50 kcd/m^2 时，需要 15°遮光角；50 ~ 500 kcd/m^2 时，需要 20°遮光角；大于 500 kcd/m^2 时，遮光角为 30°。

由特定表面产生的反射光，如从光泽的表面产生的反射光，会引起眩光，统称为光幕反射或反射眩光。它将会改变作业面的可见度，使可见度降低，往往不易识别物体。通常可以采取以下措施来减少光幕反射和反射眩光。

（1）避免将灯具安装在干扰区内，这主要从灯具和作业位置布置来考虑。
（2）从房间各表面采用的装饰材料方面考虑，应采用低光泽度的材料，如采用无光漆、无光泽涂料、麻面墙纸等漫反射材料。

（3）限制灯具本身的亮度，如采用格片、漫反射罩等，使灯具表面亮度不宜过高。

（4）照亮顶棚和墙表面，以降低亮度对比，减弱眩光，但应注意不使表面出现光斑。

公共建筑和工业建筑场用房间或场所的不舒适眩光应采用统一眩光值（UGR）评价。

直接视野中，场景的清晰图像集中在眼睛的视网膜上，由此产生的视觉感由场景的亮度决定。然而来自眩光光源的光线十分靠近图像的直射光线，导致部分眩光光线一起进入晶状体和眼球，从而降低了对比度，导致前方道路的图像清晰度降低。

二、新光源在道路照明中的应用

根据发光原理，电光源可分为热辐射发光光源、气体放电发光光源和其他发光光源，电光源分类如图 3-3-1 所示。

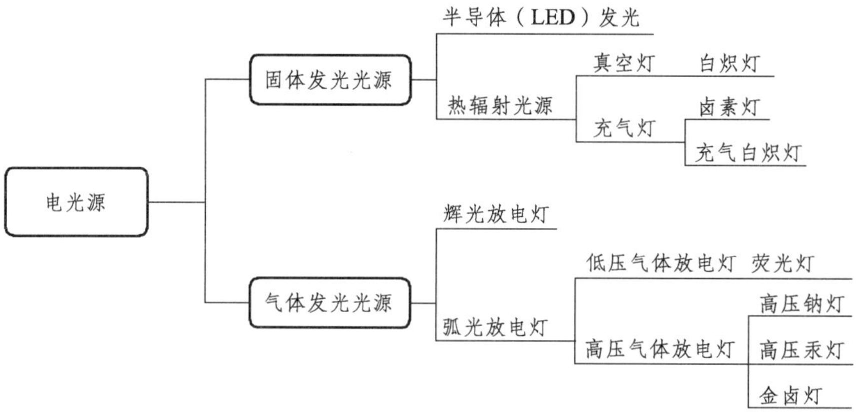

图 3-3-1　电光源分类

1. 热辐射发光光源

热辐射发光光源也可称为固体发光光源，是利用灯丝通过电流时被加热而发光的一种光源。白炽灯和卤钨灯都是以钨丝作为辐射体，钨丝被电流加热到白炽程度时产生热辐射。

2. 气体放电发光光源

气体放电发光光源的发光原理完全不同于普通的白炽灯类辐射光源。它主要是利用电流通过气体而发射光的光源。如通过灯管中的汞蒸气放电，辐射出肉眼看不到的波长为 254 nm 为主的紫外线，然后照射到管内壁的荧光物质上，再转换为某个波长段的可见光。

3. 其他发光光源

其他发光光源常见的有场致发光灯（屏）和 LED 发光二极管。场致发光灯（屏）是利用场致发光现象制成的发光灯（屏），可用于指示照明、广告灯。LED 发光二极管是一种能够将电能转化为可见光的半导体，不同于白炽灯钨丝发光与节能灯荧光粉发光原理，它采用的是电致发光原理，让足够多的电子和空穴在电场作用下复合而产生光子。LED 的特点非常明显，寿命长、光效高、无辐射与低功耗。LED 的光谱几乎全部集中于可见光频段，其发光效率可达 80% ~ 90%，是国家倡导的绿色光源，具有广阔的发展前景。尤其当大功率的 LED 研制出来而成为照明光源时，它将大面积取代节能灯而占领整个市场。

目前，常见的道路照明光源主要有LED光源和高压钠灯，而两者各有优势，光效高是高压钠灯的主要特征，也是它区别于其他光源的主要优点。现阶段，LED灯作为一种新的光源，以其节能、寿命长、光效高、体积小、调光功能好、安全性佳、维护成本低等优点得到了广泛推广。在相同的照明条件下，LED灯相比高压钠灯可以节约电能60%~80%。当采用发光二极管（LED）灯光源时，应符合下列规定：光源的显色指数（RR）不宜小于60；光源的相关色温不宜高于5 000 K，并宜优先选择中或低色温光源；选用同类光源的色品容差不应大于7 SDCM；在现行国家标准《均匀色空间和色差公式》（GB/T 7921）规定的CIE1976均匀色度标尺图中，在寿命周期内光源的色品坐标与初始值的偏差不应超过0.012。

灯具光源的选择应符合下列规定：快速路和主干路宜采用高压钠灯，也可选择发光二极管灯或陶瓷金属卤化物灯；次干路和支路可选择高压钠灯、发光二极管灯或陶瓷金属卤化物灯；居住区机动车和行人混合交通道路宜采用发光二极管灯或金属卤化物灯；市中心、商业中心等对颜色识别要求较高的机动车交通道路可采用发光二极管灯或金属卤化物灯；商业区步行街、居住区人行道路、机动车交通道路两侧人行道或非机动车道可采用发光二极管灯、小功率金属卤化物灯或细管径荧光灯、紧凑型荧光灯。

【思考题】

1. 以下对眩光的说法错误的是（　　）。
   A. 眩光是光线进入镜头发生反射和扩散的现象
   B. 在镜头前安装遮光罩或遮光斗可以有效避免眩光
   C. 眩光会使画面的清晰度下降，在任何时候都应该努力避免
   D. 合理摆放机位避免光直射镜头可以有效避免眩光
2. 简述环境照明中眩光产生的原因及其控制方法。

【项目评价】

1. 考核评价表（见表3-3-1）

表3-3-1　考核评价表

内容	目标	标准	方式	权重	自评	评价
出勤与安全情况	让学生养成良好的工作习惯	100分	以100分为基础，按这6项的权重给分，其中“任务完成及项目展示汇报情况”具体评价见“任务完成度”评价表	10%		
学习、工作表现	学生参与工作的态度与能力			15%		
回答问题的表现	学生掌握知识与技能的程度			15%		
团队合作情况	小组团队合作情况			10%		
任务完成及项目展示汇报情况	小组任务完成及汇报情况			40%		
拓展能力情况	拓展能力提升状态，任务完成情况			10%		

续表

内容	目标	标准	方式	权重	自评	评价
创造性学习（附加分）	考核学生的创新意识	10分	老师以10分为上限，奖励工作中有突出表现和特色做法的学生	加分项		
学习成绩=出勤情况×20%+学习及工作表现×20%+知识及技能掌握×20%+团队合作情况×10%+任务完成情况×30%+创造性学习						

2. 任务完成度评价表（见表3-3-2）

表3-3-2　任务完成度评价表

任务	要求	权重	分值

3. 项目总结（见表3-3-3）

表3-3-3　项目总结

项目学习情况：
心得与反思：

项目四　LED 显示屏维护与优化

【项目描述】

LED 显示屏是一种新型的显示设备，它采用 LED（发光二极管）作为显示元件，具有高亮度、低功耗、长寿命、大视角等特点。本项目从 LED 特性测试、单色 LED 广告屏的显示设计、全彩 LED 显示屏控制、双色 LED 显示设计、LCD 特性测试、LED 显示屏组装与调试 6 个方面全面学习 LED 的相关知识，为后续课程的学习打下基础。

【学习目标】

（1）掌握 LED 特性测试的基本方法及相关知识。
（2）掌握单色 LED 广告屏的设计方法及工作原理。
（3）掌握全彩 LED 显示屏的设计方法及工作原理。
（4）掌握双色 LED 显示的设计方法及工作原理。
（5）掌握 LCD 的测试方法及相关知识。
（6）掌握 LED 显示屏的组装及调试方法。

【技能目标】

（1）能够熟练使用 LED 相关参数测量仪器（精密旋转台）。
（2）能够熟练使用单片机进行编程。
（3）能够组装调试 LED 显示屏。

任务一　LED 特性测试

【任务描述】

该任务通过在实训台搭建电路，来测试 LED 的基本特性。完成该任务需要电压表、电流表、电源以及 LED 灯、精密旋转台。学生课前需要了解仪器仪表的基本原理及使用方法。

【任务目标】

知识目标

（1）掌握 LED 正向伏安特性测试。
（2）掌握 LED 反向伏安特性测试。
（3）掌握 LED 强度的空间分布测试。

技能目标

（1）熟练使用电压表、电流变、精密旋转台。
（2）熟练运用 LED 测试数据。

【任务实施】

一、LED 正向伏安特性测试

（1）检测台体及模块旋钮，将所有旋钮逆时针拧到底，然后再开启台体电源开关。正向伏安特性测试图如图 4-1-1 所示。

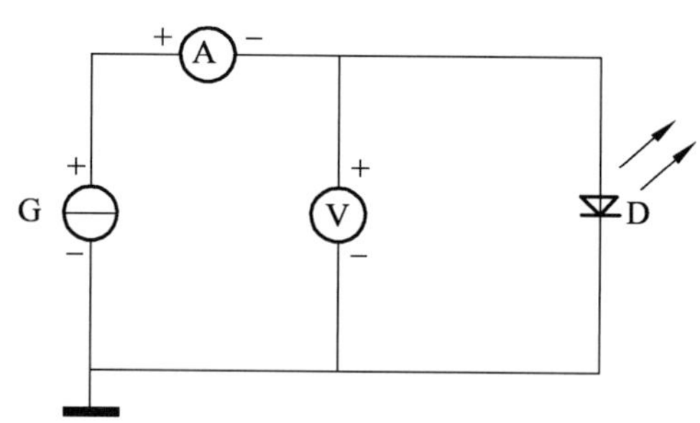

D—被测 LED 器件；G—恒流源；A—电流表；V—电压表。

图 4-1-1　正向伏安特性测试图

（2）接线方式参考表 4-1-1。

表 4-1-1　接线方式 1

台体电流源（0～20 mA）“$+I_{out}$”	台体电流表的“+”
台体电流表的“−”	LED 结构件的“红”色护套插座
LED 结构件的“黑”色护套插座	台体电流源（0～20 mA）“$-I_{out}$”
台体电压表的“+”	LED 结构件的“红”色护套插座
台体电压表的“−”	LED 结构件的“黑”色护套插座

注：① LED 结构件中的 LED 需要自己安装（模块配套有“红”“黄”“绿”“蓝”“白”5 种颜色的 LED）；实验默认安装红色。
② 机构件上的“红”“黑”插孔对应“正”“负”极；注意 LED 安装的正负极，如图 4-1-2 所示。

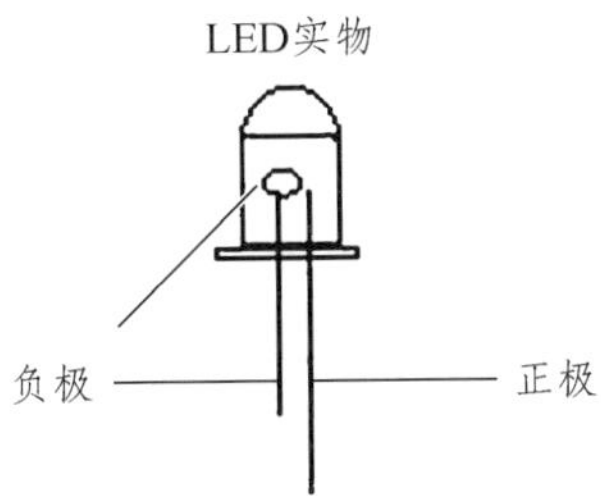

图 4-1-2　LED 的正负极

（3）将电流表打到“20 mA”挡，电压表打到“2 V”挡或“20 V”挡，顺时针缓慢调节“电流调节”旋钮，将电流电压数值记录在实验数据记录表 4-1-4 中。

（4）根据表 4-1-4 中数据绘制 LED 正向伏安特性曲线，并分析 LED 正向伏安特性的特征。

二、LED 反向伏安特性测试实验

（1）检测台体及模块旋钮，将所有旋钮逆时针拧到底，然后再开启台体电源开关。

（2）按照表 4-1-2 进行接线。

表 4-1-2　接线方式 2

台体电压源（0～200 V）接口中的“$+U_{out}$”	台体电流表的“+”
台体电流表的“−”	模块“1M”电阻一端
模块“1M”电阻另一端	LED 结构件的“黑”色护套插座
LED 结构件的“红”色护套插座	台体电压源（0～200 V）接口中的“$-U_{out}$”
台体电压表的“+”	LED 结构件的“黑”色护套插座
台体电压表的“−”	LED 结构件的“红”色护套插座

（3）将电流表打到“200 μA”挡，电压表打到“200 V”挡，顺时针缓慢调节（0 ~ 200 V）“电压调节”旋钮，读取表头电流值和电压值（直到电压大小增大到基本不变或增加缓慢为止），将电流电压数值记录于实验数据记录表 4-1-5 中。

（4）根据表 4-1-5 中数据绘制 LED 反向伏安特性曲线，并分析 LED 反向伏安特性的特征。

三、LED 强度的空间分布

（1）检测台体及模块旋钮，将所有旋钮逆时针拧到底，然后再开启台体电源开关。

（2）LED 接线如图 4-1-1 所示。

（3）接线方式参考表 4-1-3。

表 4-1-3　接线方式 3

台体电流源（0 ~ 20 mA）“+I_{out}”	台体电流表的“+”
台体电流表的“−”	LED 结构件的“红”色护套插座
LED 结构件的“黑”色护套插座	台体电流源（0 ~ 20 mA）“−I_{out}”
台体电压表的“+”	LED 结构件的“红”色护套插座
台体电压表的“−”	LED 结构件的“黑”色护套插座

（4）调整探测器套筒，使其中心轴与精密旋转台的中心轴共轴，同时将精密旋转台侧面的紧固旋钮松开（微调角度时紧固旋钮拧紧），用手直接调整精密旋转台上层面，使 LED 机械轴与探测器套筒共轴。

（5）顺时针缓慢调节“电流调节”旋钮，使电流大小为 10 mA，记录照度表示数并填写在实验数据记录表 4-1-6 中。

（6）根据表 4-1-6 绘制 LED 强度空间分布曲线。

四、半最大强度角及偏差角

（1）操作步骤同 LED 强度步骤（1）~（5）。

（2）记录 LED 机械轴与探测器套筒共轴时对应的精密旋转台对应的角度示数 θ_1。

（3）缓慢调节精密旋转台，观察照度表示数变化，记录照度为最大 I 时精密旋转台对应的角度示数 θ_2，即偏差角 $\Delta\theta_2=|\theta_2-\theta_1|$。

（4）继续缓慢调节精密旋转台，观察照度表示数变化记录照度为 $I/2$ 时对应的角度示数 θ_3，即 $\theta_1/2=|\theta_3-\theta_1|$。

实验数据记录

实验名称：________________________

仪器编号：__________

实验时间：20___年___月___日 星期___

表 4-1-4 LED 正向伏安特性数据

电流/mA	0	0.1	0.2	0.3	0.4	0.5	0.6	0.7	0.8
电压/V									
电流/mA	0.9	1	1.2	1.4	1.6	1.8	2	2.5	3
电压/V									
电流/mA	3.5	4	4.5	5	5.5	6	9	12	15
电压/V									

表 4-1-5 LED 反向伏安特性数据

电流/mA	0	1	2	3	4	5	6	7	8
电压/V									
电流/mA	14	16	18	20	22	24	26	28	30
电压/V									
电流/mA	32	34	36	38	40				
电压/V									

表 4-1-6 LED 照度数据

角度/（°）	0	5	10	15	20	25	30	35	40	45
照度/lx										
角度/（°）	50	55	60	65	70	75	80	85	90	
照度/lx										
角度/（°）	−5	−10	−15	−20	−25	−30	−35	−40	−45	−50
照度/lx										
角度/（°）	−55	−60	−65	−70	−75	−80	−85	−90		
照度/lx										

偏差角 $\Delta\theta_2$= __________

半最大强度角 $\theta_1/2$ = __________

【知识提炼】

一、LED发光原理

LED 发光原理：发光二极管是由Ⅲ-Ⅳ族化合物，如 GaAs（砷化镓）、GaP（磷化镓）、GaAsP（磷砷化镓）等半导体制成的，其核心是 PN 结。因此它具有一般 PN 结的伏安特性，即正向导通，反向截止、击穿特性。此外，在一定条件下，它还具有发光特性。在正向电压下，电子由 N 区注入 P 区，空穴由 P 区注入 N 区。进入对方区域的少数载流子（少子）一部分与多数载流子（多子）复合而发光。假设发光是在 P 区发生的，那么注入的电子与价带空穴直接复合而发光，或者先被发光中心捕获后，再与空穴复合发光。发光的复合量相对于非发光复合量的比例越大，光量子效率越高。由于复合是在少子扩散区内发光的，所以光仅在靠近 PN 结面数微米以内产生。理论和实践证明，光的峰值波长 λ 与发光区域的半导体材料禁带宽度 E_g 有关，即

$$\lambda \approx 1\,240/E_g\ (\text{nm})$$

式中，E_g 的单位为电子伏特（eV）。若能产生可见光（波长在 380 nm 紫光～780 nm 红光），半导体材料的 E_g 应在 3.26～1.63 eV 之间。图 4-1-3 为发光二极管结构图。

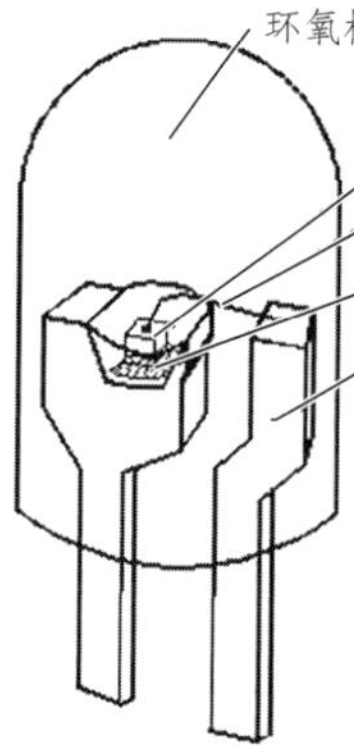

图 4-1-3　发光二极管结构图

二、发光二极管伏安特性

LED 的伏安特性具有非线性、整流性质：单向导电性，即外加正偏压表现低接触电阻，反之为高接触电阻。LED 的伏安特性曲线如图 4-1-4 所示，图中两条曲线分别表示不同材料的 LED 的伏安特征。

（1）正向死区：（图 Oa 或 Oa'段）a 点的电压 U_a 为开启电压，当 $U<U_a$ 时，外加电场尚克服不了因载流子扩散而形成的势垒电场，此时 R 很大；开启电压对于不同 LED 其值不同，GaAs 为 1 V，GaAsP 为 1.2 V，GaP 为 1.8 V，GaN 为 2.5 V。

（2）正向工作区：电流 I_F 与外加电压呈指数关系。

$$I_F = I_S e^{U_F/(KT-1)}$$

式中，I_S 为反向饱和电流。$U>0$ 时，$U>U_F$ 的正向工作区 I_F 随 U_F 指数上升：$I_F = I_S e^{U_F/KT}$。

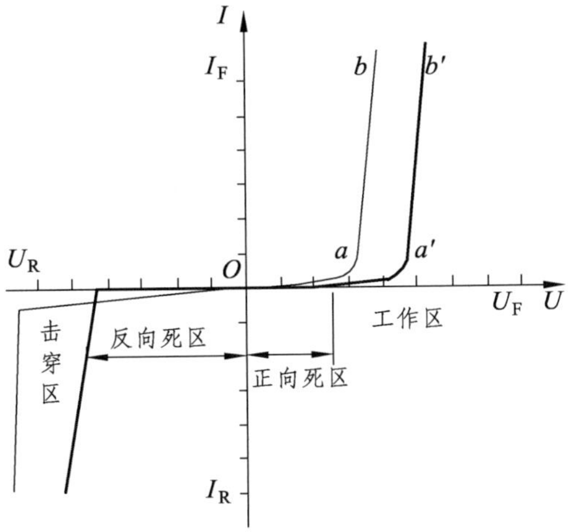

图 4-1-4　发光二极管伏安特性曲线

（3）反向死区：$U<0$ 时 PN 结加反偏压 $U=-U_R$ 时，反向漏电流 I_R（$U=-5$ V）：GaP 为 0 A，GaN 为 10 μA。

（4）反向击穿区 $U<-U_R$，U_R 称为反向击穿电压；U_R 电压对应的 I_R 为反向漏电流。当反向电压一直增加使 $U<-U_R$ 时，则 I_R 突然增加而出现击穿现象。由于所用化合物材料种类不同，各种 LED 的反向击穿电压 U_R 也不同。

反向特性测试方法与正向特性测试方法类似，但是两者间有差异。通常开启电压对于不同 LED 其值不同，GaAs 为 1 V，GaAsP 为 1.2 V，GaP 为 1.8 V，GaN 为 2.5 V，其电压值均较小；而对于反向特性，一般 LED 的反向电压均较大，约为几十伏，对于普通的电流源无法进行测试，因此需采用稳压源进行测试。其中，稳压源采用 0 ~ 200 V 电压源，同时为防止 LED 反向击穿，需连接限流电阻进行保护。反向特性测试图如图 4-1-5 所示。

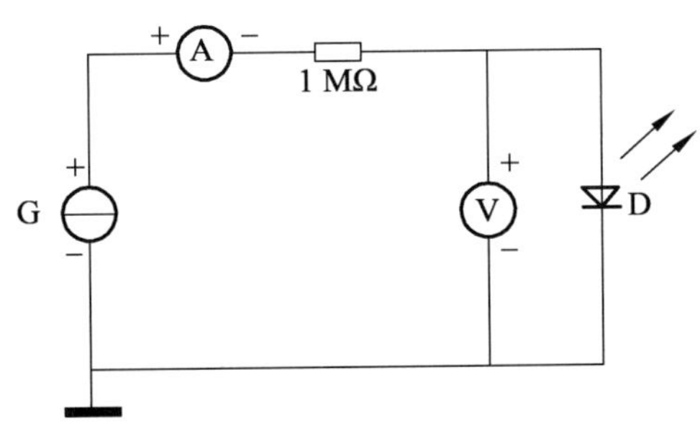

D—被测 LED 器件；G—稳压源；A—电流表；V—电压表。

图 4-1-5　反向伏安特性测试图

三、发光强度的角分布

发光二极管有红外（非可见）与可见光两个系列，前者可用辐射度，后者可用光度来量度其光学特性。不同的 LED 有着不同的角度特性，特别是不同封装的 LED，其角度特性更是各有差异。根据不同的应用要求及角度特性，LED 种类可分为普通型、指向型、发散型等。

发光强度（法向光强）是表征发光器件发光强弱的重要性能。LED 大多要求是圆柱、圆球封装，由于凸透镜的作用，故都具有很强指向性：位于法向方向光强最大，其与水平面交角为 90°。当偏离正法向不同 θ 角度，光强也随之变化。发光强度随着不同封装形状而不同，且依赖角方向。

发光强度的角分布 I_θ 是描述 LED 发光在空间各个方向上的光强分布。它主要取决于封装的工艺（包括支架、模粒头、环氧树脂中添加散射剂与否）。

为获得高指向性的角分布（见图 4-1-6），可采取如下方案：

① LED 管芯位置离模粒头远些；

② 使用圆锥状（子弹头）模粒头；

③ 封装的环氧树脂中勿加散射剂。

采取上述措施可使 LED 的 $2\theta_1/2$=6°左右，大大提高了指向性。当前几种常用 LED 封装的散射角（$2\theta_1/2$ 角）为 5°、10°、30°、45°。

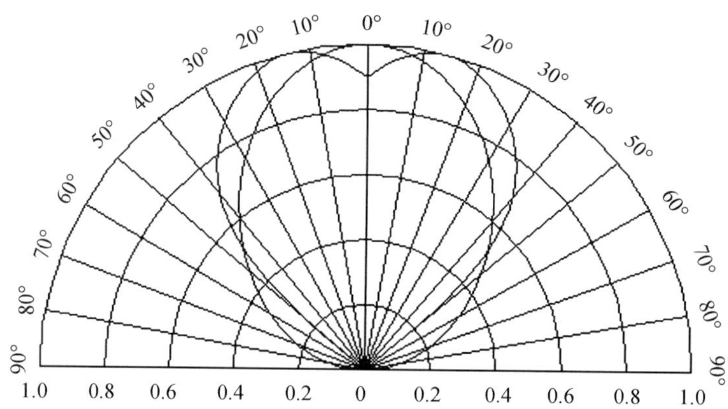

图 4-1-6　角度分布图

角度特性测试方案如图 4-1-7 所示。电流源可采用 0 ~ 20 mA 电流源，通过图 4-1-7 中的精密旋转台可以使 LED 旋转一定的角度。通过探测器 PD 可以测量出 LED 在一定电流驱动条件下的不同角度的光强。通过角度与光强的关系可以分析 LED 的角度特性。

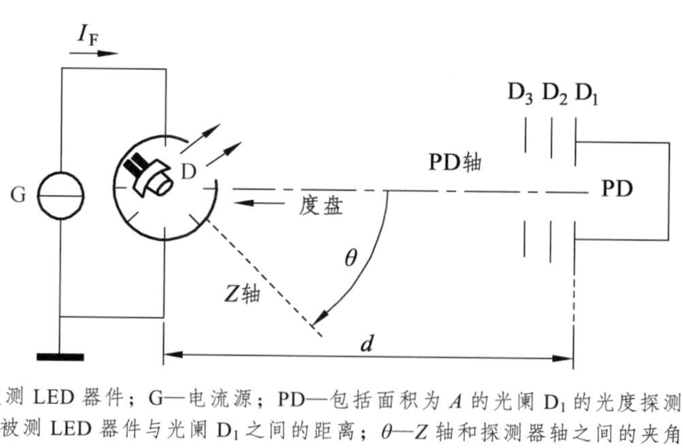

D—被测 LED 器件；G—电流源；PD—包括面积为 A 的光阑 D_1 的光度探测器；
d—被测 LED 器件与光阑 D_1 之间的距离；θ—Z 轴和探测器轴之间的夹角。

图 4-1-7　角度特性测试框图

【思考题】

1. LED 常规光电参数有哪些?

2. LED 属于定向发光器件，在前面安置光学透镜，可以增加整灯____，控制_____照射面积的光分布效果。

任务二　单色 LED 广告屏的显示设计

【任务描述】

单色 LED 广告屏只能显示一种颜色，通常为红色或绿色。其显示原理是通过控制 LED 灯的亮灭来显示图像或文字。本任务需要 8×8 点阵模块和 51 单片机最小系统。

【任务目标】

知识目标

（1）掌握 LED 点阵静态显示的工作原理。
（2）掌握 LED 点阵逐字滚动显示的工作原理及实现程序。
（3）掌握 LED 点阵逐列滚动显示的工作原理及实现程序。

技能目标

（1）熟练使用 51 单片机进行线路搭建及程序编写。
（2）熟练使用万用表。

【任务实施】

一、LED 点阵静态显示实验

根据实验原理编写程序，编写程序时如有不懂的地方可以查阅相关书籍或上网查找相关示例和资料，结合相关资料掌握实验原理和实验方法后，学生自己动手编写程序，编译好后烧入广告屏模块。单色 LED 广告屏显示模块接线如表 4-2-1 所示。

表 4-2-1　单色 LED 广告屏显示模块接线

ROW0	接	P2.0
ROW1	接	P2.1
COL0	接	P2.2
COL1	接	P2.3
COL2	接	P2.4
COL3	接	P2.5
DB0 ~ DB7	接	P0.0 ~ P0.7

接线完成并确认无误后，即可上电。

按下“复位”键，再按“模式”键，切换到“模式-位 3”，全屏点亮，查看有无坏点。

再按“模式”键，切换到“模式-位 2”，观察单色屏的显示结果。

实验例程可参考名为“单色 LED 广告屏显示模块例程”的文件夹中的源程序。烧入该实验例程的步骤如下：

（1）用 USB 线连接实验板与 PC 机。

（2）打开“stc-isp-15xx-v6.85r.exe”软件界面，如图 4-2-1 所示。

图 4-2-1　打开“stc-isp-15xx-v6.85r.exe”软件界面

（3）将该软件界面的“单片机型号”设置为“STC12C5A60S2”，然后点击“打开程序文件”，点击后找到实验例程所在的文件夹，选择“LEDTEST.hex”文件，然后点击打开，界面如图 4-2-2 所示。

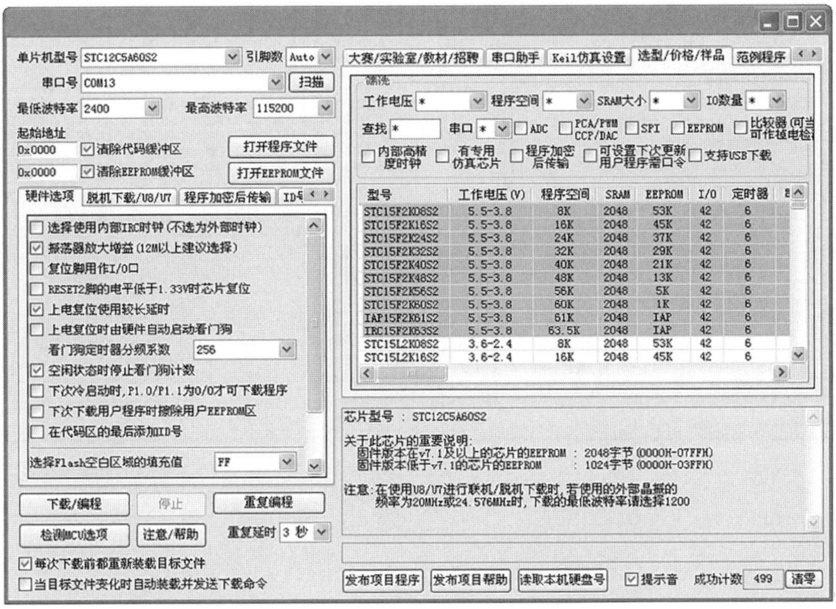

图 4-2-2　“LEDTEST.hex”文件内容

（4）该软件界面的“串口号”在连接好 USB 线后会自动识别，无须设置，同时“最高波特率”选择为 115200，“最低波特率”选择为 2400，界面如图 4-2-3 所示。

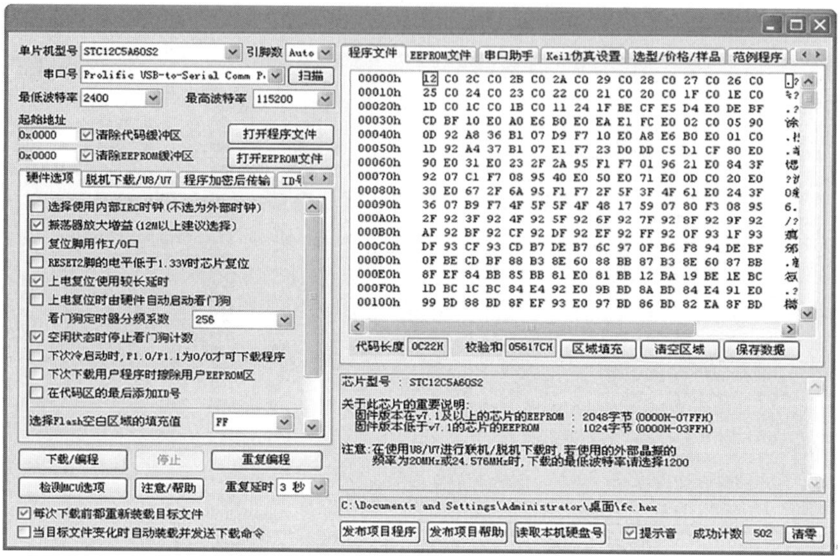

图 4-2-3　设置参数

（5）点击界面中的“下载/编程”按钮，界面如图 4-2-4 所示。

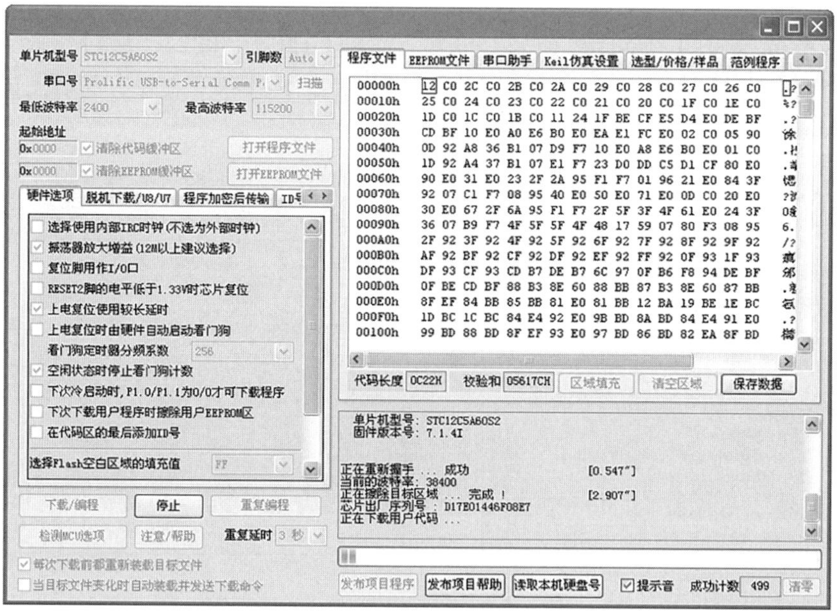

图 4-2-4　程序文件

（6）给模块通电，界面如图 4-2-5 所示。

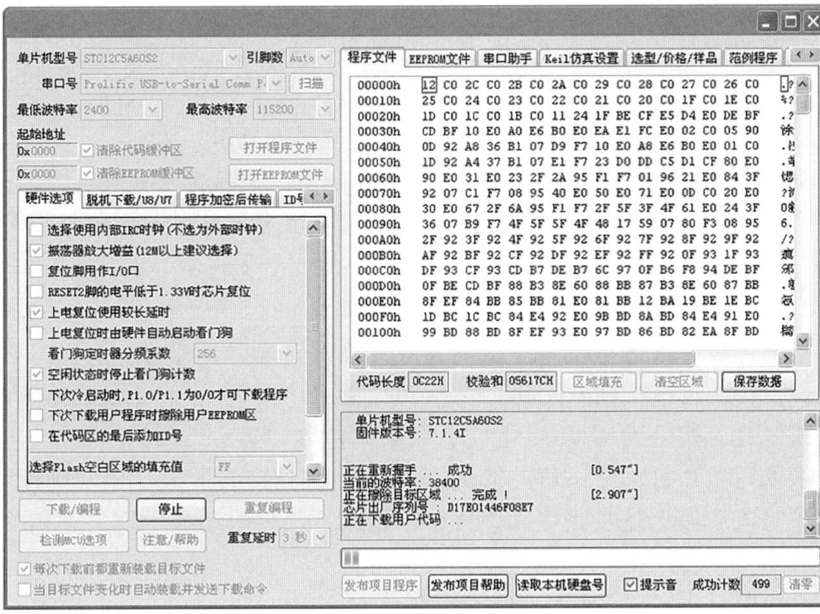

图 4-2-5　给模块通电

（7）如图 4-2-5 所示，空白处看到“正在重新握手…”等字样，下载完后该空白处会出现“操作成功”等字样，界面如图 4-2-6 所示，至此，程序下载完毕。

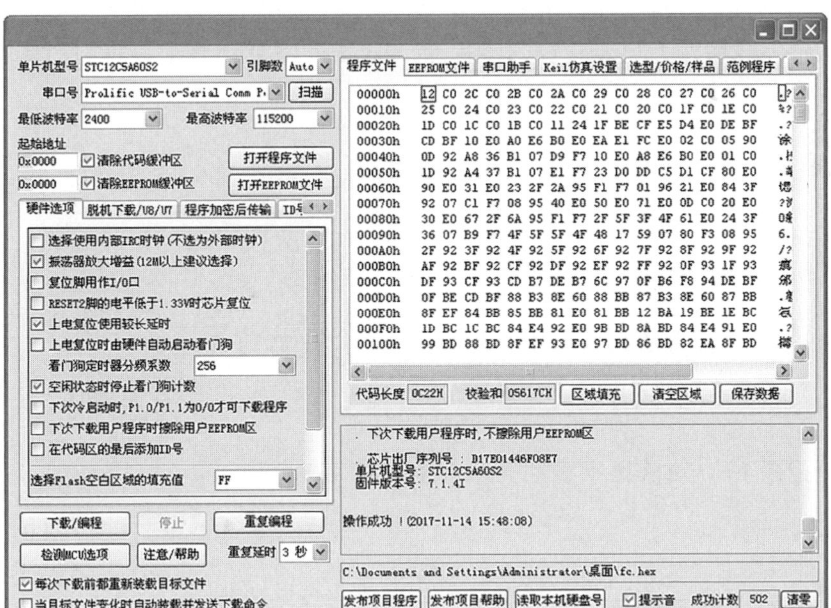

图 4-2-6　程序下载完毕

（8）记录 LED 点阵静态显示现象和相关程序代码。

二、LED 点阵逐字滚动显示

按照任务一的连线要求进行接线，接线完成并确认无误后，即可上电。

按下“复位”键，再按“模式”键，切换到“模式-位 3”，全屏点亮，查看有无坏点。

再按“模式”键，切换到“模式-位 1”，观察单色屏的显示结果。

按任务要求编写单片机程序，可参考名为“单色 LED 广告屏显示模块例程”的文件夹中的源程序。编译完成后按上述步骤烧入该程序，记录下逐字滚动显示现象和相关程序代码。

三、LED 点阵逐列滚动显示

按照任务一的连线要求进行接线，接线完成并确认无误后，即可上电。

按下“复位”键，再按“模式”键，切换到“模式-位 3”，全屏点亮，查看有无坏点。

再按“模式”键，切换到“模式-位 1”，观察单色屏的显示结果。

按任务要求编写单片机程序，可参考名为“单色 LED 广告屏显示模块例程”的文件夹中的源程序。编译完成后按上述步骤烧入该程序，记录下逐列滚动显示现象和相关程序代码。

四、LED 点阵上以不同的速度滚动显示汉字

按照任务一的连线要求进行接线，接线完成并确认无误后，即可上电。

按下“复位”键，再按“模式”键，切换到“模式-位 3”，全屏点亮，查看有无坏点。

再按“模式”键，切换到“模式-位 1”，观察单色屏的显示结果。

按任务要求修改单片机程序，可参考名为“单色 LED 广告屏显示模块例程”的文件夹中的源程序。编译完成后按上述步骤烧入该程序，记录下 LED 点阵上以不同的速度滚动显示汉字的现象和相关程序代码。

任务数据记录

任务名称：________________________________

任务时间：20___年___月___日星期___

（1）拍照记录 LED 点阵静态显示现象和相关程序代码。

（2）拍照记录 LED 点阵逐字滚动显示现象和相关程序代码。

（3）拍照记录 LED 点阵逐列滚动显示现象和相关程序代码。

（4）视频记录 LED 点阵上以不同的速度滚动显示现象，拍照记录相关程序代码。

【知识提炼】

LED 广告屏

LED 广告屏即 LED 电子显示屏，是一种用发光二极管按顺序排列而制成的新型成像电子设备。由于其亮度高、可视角度广、寿命长等特点，正广泛应用于户外广告屏等产品中。

使用 LED 点阵时，要注意区分共阴与共阳两种不同的型号。本实验模块配的 LED 点阵为共阳点阵，其内部的原理图参见图 4-2-7。由图 4-2-7 可知，当 LED 点阵的 13 脚为高电平，9 脚为低电平时，第一排第一列的 LED 便会亮，同理可知要使 LED 点阵中任意一个 LED 点亮，只需分别给连接该 LED 阳极的列管脚和连接该 LED 阴极的列管脚分别送高低电平即可。

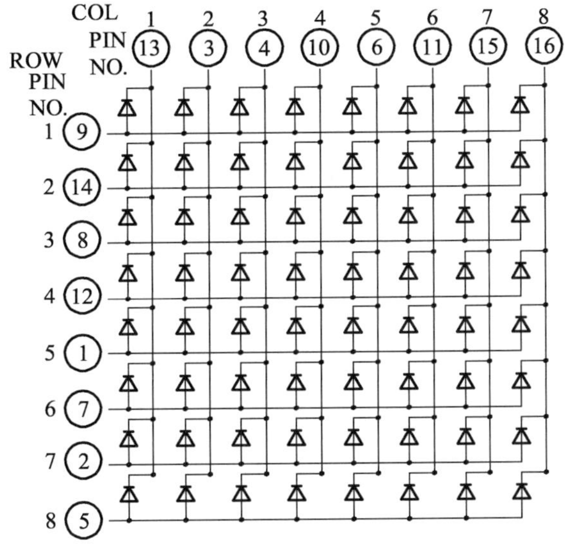

图 4-2-7　共阳 LED 点阵内部原理图

本任务的原理图参见图 4-2-8，其中用到的芯片有锁存芯片 74HC573，八达林顿晶体管阵列 ULN2803。当 ULN2803 的输入端为高电平时，其输出端输出低电平，当 ULN2803 的输入端为低电平时，其输出端呈高阻状态。设计中用到的 ULN2803 主要是利用其灌电流能力强大来驱动 LED 点阵。

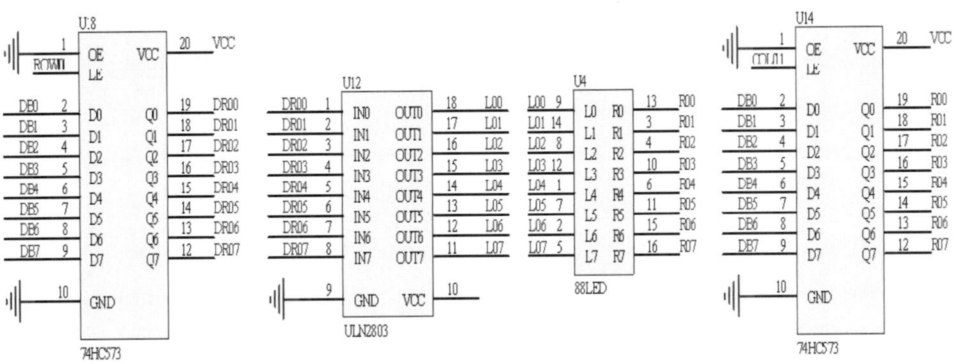

图 4-2-8　LED 点阵显示原理图

由原理图可知，行数据线与列数据线为复用，要使 LED 点阵显示一个字，必须使用动态扫描的方法。

动态扫描工作原理就是利用人眼的视觉暂留特性，在很短的时间周期内依次将 LED 点阵的每行点亮。即 LED 点阵上的 LED 实际并没有全亮，但是我们看上去却是全部亮着的。

由原理图可知，在一块 LED 点阵上显示一个字符的步骤如下：

（1）打开该 LED 点阵所在列的列锁存，送入列选通数据（先选通第一列，其他列不能被选通），然后关掉列锁存。

（2）打开该 LED 点阵所在行的行锁存，送入显示数据（用字模提取软件对要显示的字符提取字模，显示数据为字模中的数据），延时一段时间，然后关掉该行锁存。

（3）通过上面的步骤已经将 LED 点阵的第一行中需要点亮的 LED 点亮，为实现动态扫描，需要马上将该行的显示数据清零，也就是让该行的 LED 全部熄灭。所以需要重复步骤（1）、（2）中的操作，但在步骤（2）的操作中送入的显示数据应该为 0（使 LED 熄灭）。

（4）通过步骤（1）、（2）和（3）已经将 LED 点阵的第一行显示出相应的数据，并立即熄灭掉，然后依次对 LED 点阵的第 2 行至第 8 行采用同样的操作。在较短的周期内对 LED 点阵的 1 至 8 行进行持续扫描便会在 LED 点阵上看到想要显示的字符。

要显示一个 16×16 的汉字需要用 4 块 8×8 的 LED 点阵，按照操作一块 LED 点阵的显示方法，分别对 4 块 LED 点阵进行相同操作，就可以在 4 块 LED 点阵上显示一个 16×16 的汉字。

【思考题】

编写一个程序，实现在点阵屏滚动显示“2023 年成都大运会”。

任务三　全彩 LED 显示屏控制

【任务描述】

全彩 LED 显示屏是一种使用 LED 点阵组成的显示屏，可以显示出各种颜色的图像和视频。它通常由许多小的 LED 灯组成，这些 LED 灯可以发出红、绿、蓝三种颜色的光，通过不同的亮度和颜色组合来呈现出各种图像和视频。通过上位机软件实现全彩 LED 相关实验，并观察相关现象。

【任务目标】

知识目标

（1）掌握运用上位机软件实现全彩 LED 计时显示。

（2）掌握运用上位机软件实现全彩 LED 时钟显示。

技能目标

（1）熟练使用全彩 LED 显示屏上位机软件。

（2）会对实验现象进行分析。

【任务实施】

一、全彩 LED 计时显示实验

（1）接线：全彩 LED 显示屏的电源线（带有红黑插头），黑色头接到台体电源部分“GND1”，红色头接到台体“+5 V”（“GND1”上面）；全彩 LED 显示屏的数据排线接到全彩 LED 控制部分的“数据输出 3”；再用串口线将 PC 机连到台体全彩 LED 显示控制区的“DB9 串口”。

（2）通过上位机软件对显示内容进行设定和控制：打开上位机软件（双击图标），打开后界面如图 4-3-1 所示。

① 新建工程。

② 在弹出的窗口中设置屏体参数：宽度“64”，高度“128”，颜色“全彩色”；单元板类型“全彩 16 扫 75 接口 16×16”；控制卡型号“X8”。再点击“确定”，如图 4-3-2 所示。

③ 选中

，时钟属性如图 4-3-3 所示。定长播放设定为 600 s，如图 4-3-4 所示。

④ 再对通信参数进行设置：进入“设置”→“通信参数”；选择通信模式“串口”；再选择 PC 机上串口线连线的相应“com 接口”，打开台体总开关和全彩 LED 显示控制区的开关，进行通信测试。测试不成功则查找相应原因并解决，直到通信成功。

⑤ 通信成功后，选择“发送”，发送完毕后即可看到广告屏上显示的设定内容。

（3）记录下全彩 LED 计时显示现象和相关设置。

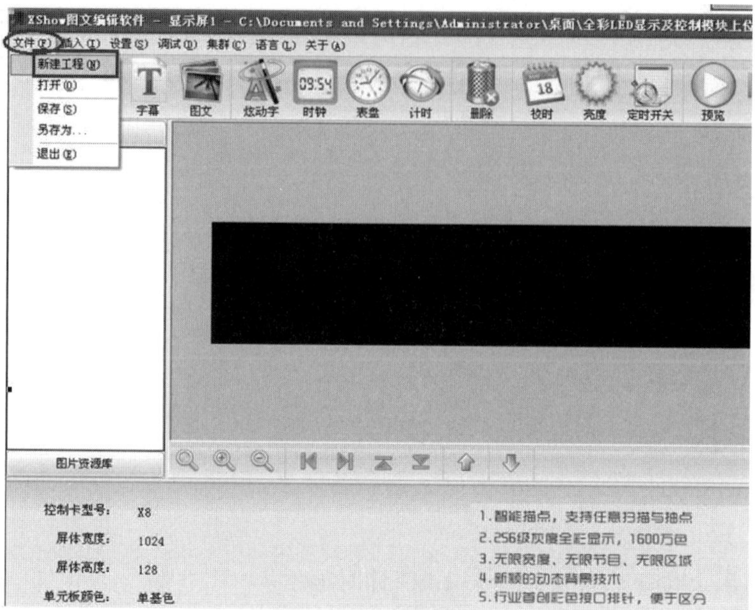

图 4-3-1　软件界面

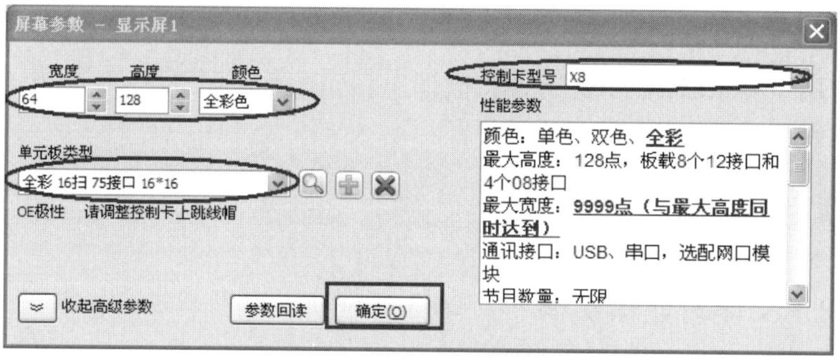

图 4-3-2　设置参数

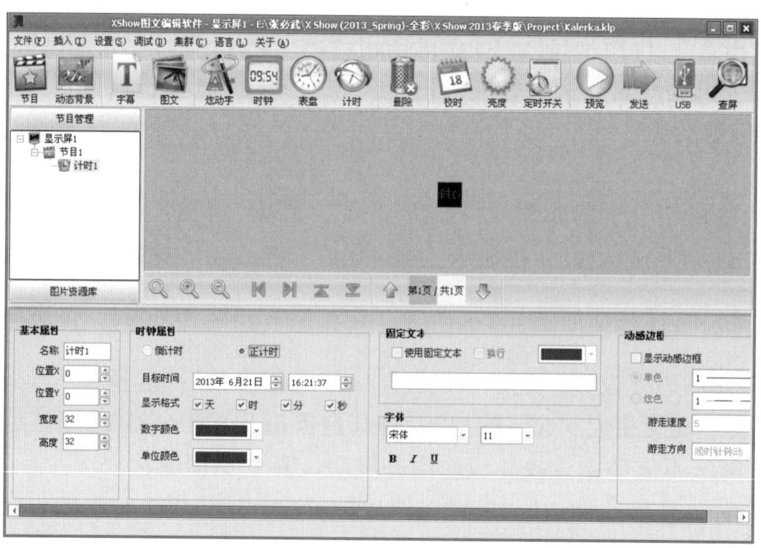

图 4-3-3　时钟属性

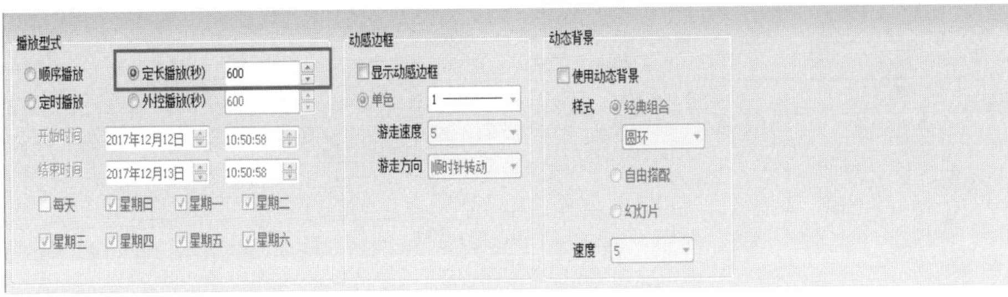

图 4-3-4　设定定长播放时间

二、全彩 LED 时钟显示实验

（1）按照上述实验连线要求进行接线，接线完成并确认无误后，即可上电。

（2）通过上位机软件对显示内容进行设定和控制：打开上位机软件（双击图标）。

① 点击界面中左上角的“节目”，点击“设置”→“屏体参数”，参数设置参考计时显示实验。

② 选中 

，时钟属性如图 4-3-5 所示。

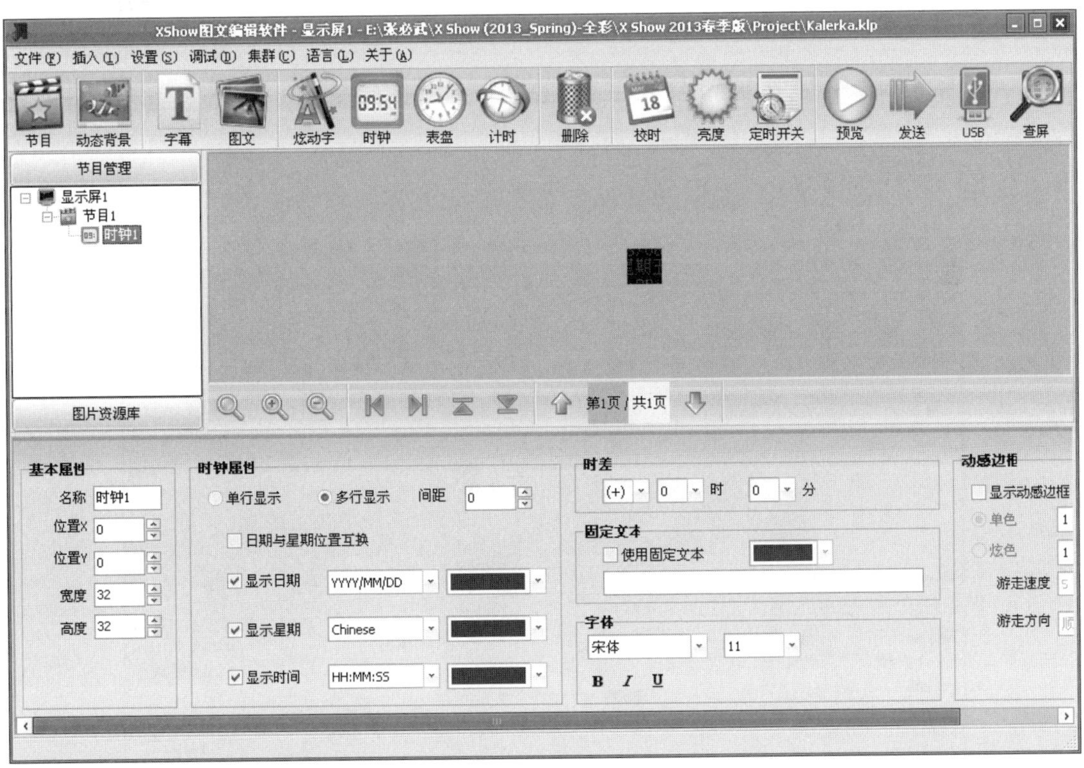

图 4-3-5　时钟属性

根据需要，对时钟属性进行相应设置。

③ 播放形式选为定长播放，如图 4-3-6 所示。

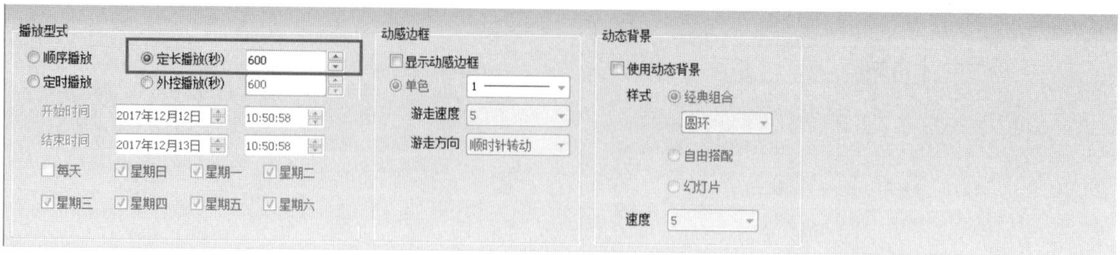

图 4-3-6　设定定长播放时间

④ 再对通信参数进行设置：进入“设置”→“通信参数”；选择通信模式“串口”；再选择 PC 机上串口线连线的相应“com 接口”，打开台体总开关和全彩 LED 显示控制区的开关，进行通信测试。测试不成功则查找相应原因并解决，直到通信成功。

⑤ 通信成功后，选择“发送”，发送完毕后即可看到广告屏上显示的设定内容。

（3）记录下全彩 LED 时钟显示现象和相关设置。

三、全彩 LED 静态文本显示实验

（1）按照上述实验连线要求进行接线，接线完成并确认无误后，即可上电。

（2）通过上位机软件对显示内容进行设定和控制：打开上位机软件（双击  LEDdisplay.exe 图标）。

① 点击界面中左上角的“节目”，点击“设置”→“屏体参数”，参数设置参考计时显示实验。

② 选中  字幕，编辑字幕，显示属性设置如图 4-3-7 所示。

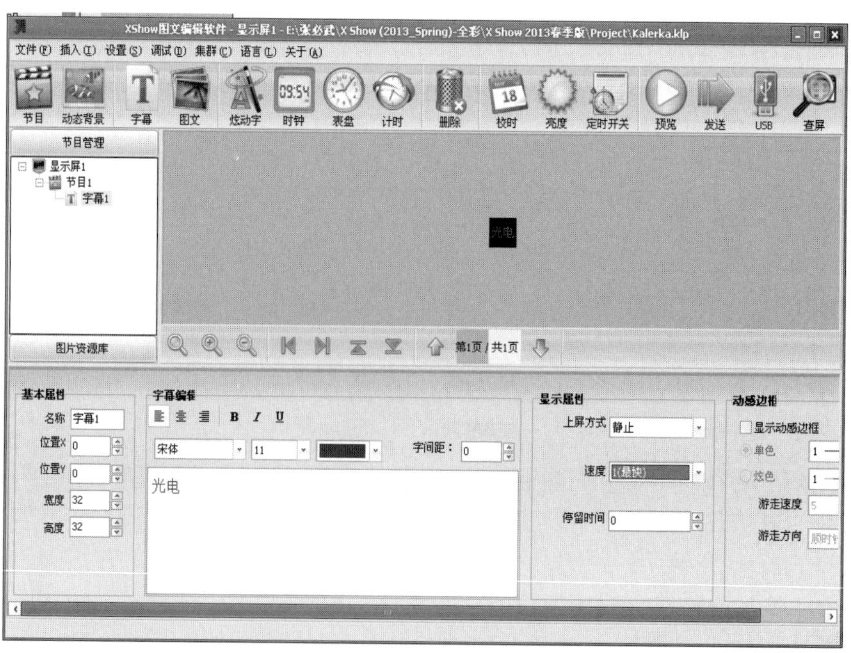

图 4-3-7　字幕编辑

③ 根据需要，对文本属性进行相应设置。

④ 再对通信参数进行设置：进入“设置”→“通信参数”；选择通信模式“串口”；再选择 PC 机上串口线连线的相应“com 接口”，打开台体总开关和全彩 LED 显示控制区的开关，进行通信测试。测试不成功则查找相应原因并解决，直到通信成功。

⑤ 通信成功后，选择“发送”，发送完毕后即可看到广告屏上显示的设定内容。

（3）记录下全彩 LED 静态文本显示现象和相关设置。

四、全彩 LED 动态文本显示设计实验

（1）按照上述实验连线要求进行接线，接线完成并确认无误后，即可上电。

（2）通过上位机软件对显示内容进行设定和控制：打开上位机软件（双击 

图标）

① 点击界面中左上角的“节目”，点击“设置”→“屏体参数”，参数设置参考计时显示实验。

② 选中 

，输入文本，显示属性设置如图 4-3-8 所示。

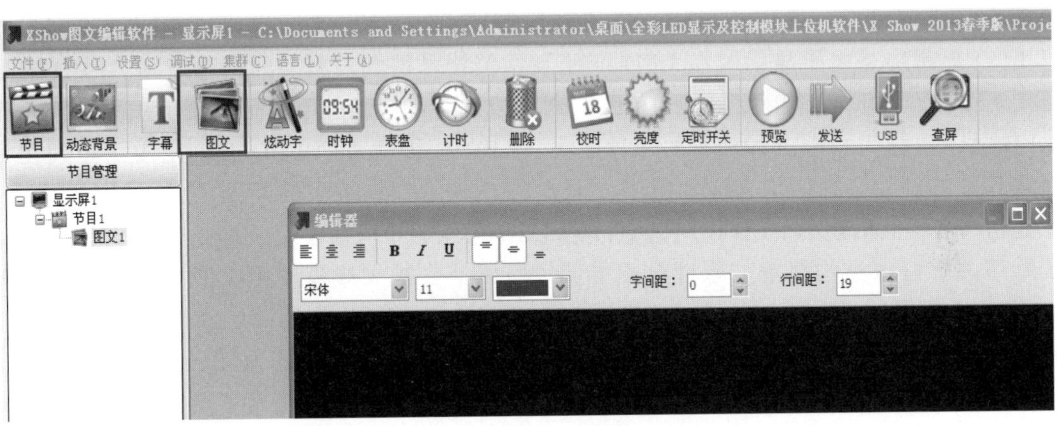

图 4-3-8　文本编辑器

③ 根据需要，对文本属性进行相应设置，如图 4-3-9 所示。

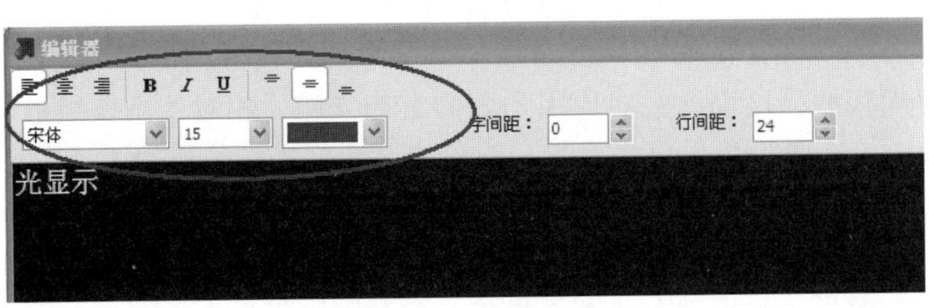

图 4-3-9　修改文本属性

④ 对显示方式进行设置：上屏方式设为“横开幕”，如图 4-3-10 所示。

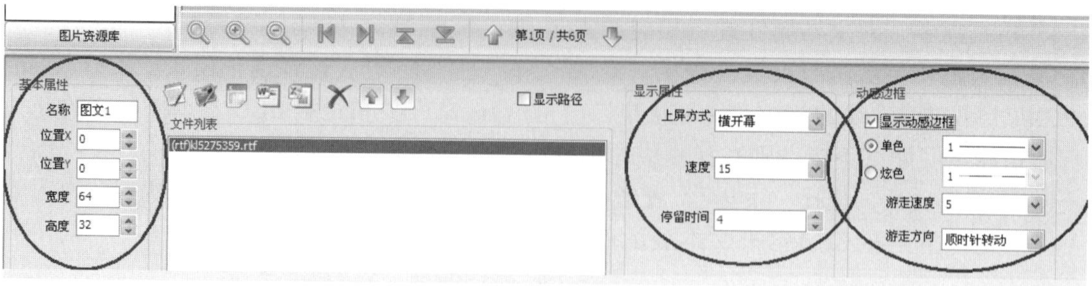

图 4-3-10　横开幕

⑤ 再对通信参数进行设置：进入“设置”→“通信参数”；选择通信模式“串口”；再选择 PC 机上串口线连线的相应“com 接口”，打开台体总开关和全彩 LED 显示控制区的开关，进行通信测试。测试不成功则查找相应原因并解决，直到通信成功。

⑥ 通信成功后，选择“发送”，发送完毕后即可看到广告屏上显示的设定内容。

（3）记录下全彩 LED 动态文本显示现象和相关设置。

【知识提炼】

LED 模组

随着 LED 相关产业及控制技术、网络和通信技术的发展，LED 显示应用也越来越广泛，全彩 LED 显示屏是电子显示屏在 LED 产业及相关技术得到发展后的综合产物。LED 显示屏由若干 LED 模组组成，模组由若干 LED 排列而成。在一定条件下，所用模组越多，组合而成的 LED 显示屏越大，电流和功率要求也越高。LED 模组就是把 LED 按一定规则排列在一起再封装起来的产品。在结构方面和电子方面，LED 模组存在很大的差异。

起初，市场上出现的 LED 模组为直插式 LED 模组，即草帽模组、钢盔模组、美人鱼模组。由于采用两脚灯珠结构简单，原材料成本低，所以最先被大规模使用。但初期芯片尺寸小，亮度不高，光衰大，这才出现了后来广泛使用的食人鱼模组。在七彩、全彩模组方面，九灯草帽至今广泛使用。一方面是其性价比相对较高，另外芯片的尺寸由 9 mil、10 mil、12 mil（1 mil =25.4 μm）发展到 14 mil、23 mil 甚至更高等，在亮度上也满足了不同客户的需求。

2005 年，LED 食人鱼模组出现。食人鱼模组在亮度和价格上相对草帽模组都有所提高。食人鱼模组的发光角度多，有 F5-90°、F3-120°、平头−180°等（角度的不同是由 LED 的光学透镜决定的）。使用者可以根据不同的角度用在不同厚度的亚克力字体中。一般来说，90°的角度就要求亚克力字的厚度要在 10 ~ 15 cm，120°则在 10 cm 左右，180°的则≤8 cm。食人鱼模组之所以比草帽模组亮度高，主要原因是因为有四支脚，相对草帽模组散热好，所以可以调大 5 mA 电流。食人鱼模组比草帽模组相对价格高，但光衰依旧很大。2007 年，市场上出现了 SMD 模组，即 LED 贴片模组。贴片模组优点众多：亮度更高、散热更好、寿命更长、角度更大，是模组中的佼佼者。目前，市场上最流行的就是贴片模组，亮光电成像与显示技术实验度更高，寿命更长，由静态、发光单色、交替闪、群控七彩变到目前的点控扫描动画效果。而全彩贴片模组配合一定的控制方式，能带来极具冲击力的视觉效果。

（1）现阶段模组电源电压都为低压直流电源，切忌将 LED 模组直接接入市电交流 220 V

通电，否则会将 LED 模组烧坏。

（2）为避免开关电源长期满负荷工作，开关电源与 LED 负载功率最佳为 1∶0.8，按照如此配置产品使用寿命会更加安全持久。

（3）如果模组超过 25 组时，应先分开连接，再由大于 1.5 mm^2 的优质铜芯线并联在一起连接到发光字箱体外，电源线长度应尽可能短，如超过 3 m，必须适当增加线径和模组。末端不用的连线为避免短路，一定要剪断粘贴牢固，必要时用自攻螺钉固定。不防水系列在户外使用时，槽型字必须做好防水措施。

（4）在使用 LED 发光模组的过程中，一定要注意电压降的问题。不要只做一条回路，从首串联尾。这样做不仅会使首尾之间由于电压不同而导致亮度不一致，还会产生单路电流过大烧毁线路板的问题。正确的做法是尽量多并联些回路，以保证电压和电流的分配合理。

（5）字腔内部如需使用防腐材料，最好是用白色底漆，以增加其反光系数。按照置于室内和室外，LED 显示屏可以分为室内屏和室外屏，即模组也分为室内用和室外用两种。

（6）全彩 LED 屏由三色 LED 组成，每个 LED 包括红、绿、蓝三芯，可单独点亮其中任意一芯，独立显示红色、绿色和蓝色，也可进行三色的任意组合，加上每一种颜色亮度可调，因此可以显示全彩色。信息显示与光电技术综合实验平台上显示屏由两块单元板组成。“城市电视”也是由多块这种单元板组合而成的。本实验中模块显示内容为 PC 机端编辑，将控制命令及数据通过串口下发至模块，由模块内部提供相关数据及驱动信号。

【思考题】

使用全彩 LED 显示屏，编制“成都职业技术学院欢迎你”并显示。

任务四　双色 LED 显示设计

【任务描述】

双色 LED 显示设计，是对单色 LED 广告屏显示的补充。学生需在课前学习双色显示的工作原理并与单色 LED 显示进行对比。老师指导实验任务后，学生再完成相关实验，并对比数据，学生课后再深入探究和分析。

【任务目标】

知识目标

（1）掌握双色 LED 显示驱动程序的编写方法。
（2）掌握双色 LED 显示程序的编写方法。

技能目标

（1）熟练进行单片机代码编写。
（2）能分析实验现象。

【任务实施】

一、双色 LED 显示驱动实验

（1）将双色 LED 显示驱动模块及单色 LED 广告屏显示模块上电源接口区域中的“+5 V”“GND”分别与信息显示与光电技术综合实验平台的“+5 V”“GND”连接。

（2）给单色 LED 广告屏显示模块上的单片机烧录好程序“双色 LED 显示驱动模块烧录代码\LED.hex”，再按表 4-4-1 连接导线。

表 4-4-1　双色 LED 显示模块接线

双色 LED 显示驱动模块	接	单色 LED 广告屏显示模块
DB0 ~ DB7	依次接	P0.0 ~ P0.7
DL0 ~ DL3	依次接	P2.0 ~ P2.3
DR0 ~ DR3	依次接	P2.4 ~ P2.7
R	接	P1.6
G	接	P1.7

（3）打开模块电源开关，按动模块右下侧的模式切换按键，观察实验现象。

二、双色 LED 显示设计实验

按照上述实验连线要求进行接线，接线完成并确认无误后，即可上电。

编写单片机程序，使双色 LED 屏分别显示允许汽车通行标志（绿色）和禁止汽车通行标志（红色），可参考名为“双色 LED 广告屏显示模块例程”的文件夹中的源程序。编译完成后按要求烧入该程序，记录下显示现象和相关程序代码。

任务数据记录

任务名称：________________________________

（1）拍照记录双色 LED 显示驱动现象和相关程序代码。

（2）拍照记录双色 LED 显示现象和相关程序代码。

【知识提炼】

双色 LED 显示

随着 LED 显示技术及原材料市场的迅速发展，各种 LED 器件及相关产品相继出现，其中双色 LED 被广泛应用在显示、光通信、照明等领域。

从 LED 的发光机理可以知道，当向 LED 施加正向电压时，流过器件的正向电流使其发光。因此 LED 的驱动就是如何使它的 PN 结处于正偏置，而且为了控制它的发光强度，还要解决正向电流的调节问题。LED 显示器件种类较多，驱动方法也各不相同。但是，无论哪种类型的器件，还是使用什么不同的驱动方法，都是以调整施加到像素上的电压、相位、频率、峰值、有效值、时序、占空比等一系列参数来建立起一定的驱动条件，从而实现显示。

如图 4-4-1 所示，用到的芯片有锁存芯片 74HC573、八达林顿晶体管阵列 ULN2803。当 ULN2803 的输入端为高电平时，其输出端输出低电平，当 ULN2803 的输入端为低电平时，其输出端呈高阻状态。设计中用到 ULN2803 主要是利用其灌电流能力强大来驱动 LED 点阵。由原理图可知，行数据线与列数据线为复用，要使 LED 点阵显示一个字，必须使用动态扫描的方法。动态扫描工作原理就是利用人眼的视觉暂留特性，在很短的时间周期内依次将 LED 点阵的每行点亮。即 LED 点阵上的 LED 实际并没有全亮，但是我们看上去却是全部亮着的。

模式切换按键以编码的形式可以实现 $2^5=32$ 种工作模式切换，本实验模式设置了 15 种工作模式，红色选通由 P1.7 控制，绿色选通由 P1.6 控制，低电平有效。模式位由 P1 口对应位控制，模式位为“1”，相应的模式位指示灯亮；模式位为“0”，相应的模式指示灯灭，如表 4-4-2 所示。

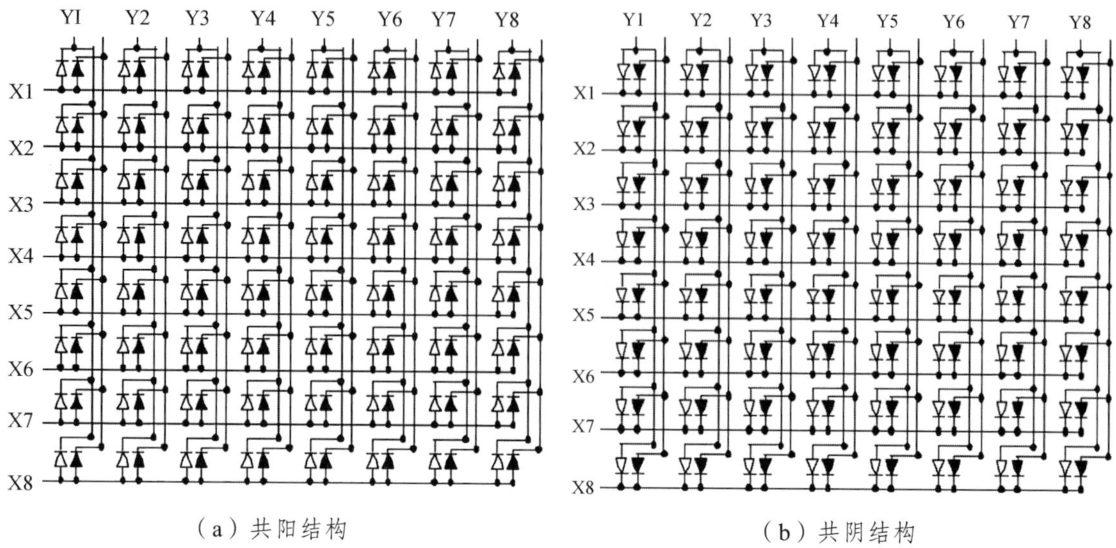

图 4-4-1　双色 LED 点阵的两种结构

表 4-4-2　模式指示表

模式	绿色（P1.7）	红色（P1.6）	P1.5	D7（P1.4）	D6（P1.3）	D5（P1.2）	D4（P1.1）	D3（P1.0）
模式 1	1	0	1	0	0	0	0	1
模式 2	1	0	1	0	0	0	1	0
模式 3	0	1	1	0	0	0	1	1
模式 4	1	0	1	0	0	1	0	0
模式 5	0	1	1	0	0	1	0	1
模式 6	1	0	1	0	0	1	1	0
模式 7	0	1	1	0	0	1	1	1
模式 8	1	0	1	0	1	0	0	0
模式 9	0	1	1	0	1	0	0	1
模式 10	0	1	1	0	1	0	1	0
模式 11	0	1	1	0	1	0	1	1
模式 12	1	0	1	0	1	1	0	0
模式 13	1	0	1	0	1	1	0	1
模式 14	0	1	1	0	1	1	1	0
模式 15	1	0	1	0	1	1	1	1

【思考题】

（1）简述双色 LED 显示实现的工作原理。

（2）编写一个程序，在显示屏上显示“中国梦！”（备注：“中国”两字显示红色、“梦”显示蓝色）。

任务五　LCD 特性测试

【任务描述】

LCD 特性测试可以检测显示屏的各项参数，以确保其质量符合标准。学生课前需先学习特性参数的基本概念，为后续实验打下理论基础。老师指导完实验后，学生再做实验并深入探究。

【任务目标】

知识目标

（1）掌握 LCD 阈值电压和关断电压的测量方法。
（2）掌握 LCD 对光线透过率的测量方法。
（3）掌握 LCD 连续视角的测量方法。

技能目标

（1）熟练使用照度计。
（2）能够熟练进行线路搭建。

【任务实施】

一、LCD 阈值电压和关断电压测量实验

（1）调整好实验设备。

（2）将 0 ~ 30 V 可调电源接至 LCD（副 PCB 上）的“+”“-”极（注意正负对应），如表 4-5-1 所示。注意通电前要将旋钮逆时针扭到底，使电压输出最小，调节过程中使电压不超过 5 V。

表 4-5-1　接线方式 1

LCD（副 PCB 上）的“+”“-”	模块（一）的“LCD+”“LCD-”
模块（一）的“LCD+”“LCD-”	台体 0 ~ 30 V“红”“黑”

（3）照度计调零后，将发射端的 LED 光源套筒对应接至输出调节单元；将+5 V 直流电源接至电源接口；将接收端硅光电池套筒接至台体照度计（或仪表模块照度计）。具体如表 4-5-2 所示。

表 4-5-2　接线方式 2

台体+5 V 直流电源“+5 V”	模块（一）电源接口“+5 V”
台体+5 V 直流电源“GND2”	模块（一）电源接口“GND”

续表

发射端 LED 光源套筒“红”	输出调节单元“输出 1”、光源“输入 1”
发射端 LED 光源套筒“绿”	输出调节单元“输出 2”、光源“输入 2”
发射端 LED 光源套筒“蓝”	输出调节单元“输出 3”、光源“输入 3”
发射端 LED 光源套筒“黑”	电源接口“GND”、光源“GND”
发射端 LED 光源套筒“红”	模块（一）“PD+”
发射端 LED 光源套筒“黑”	模块（一）“PD−”
模块（一）“OUT+”	照度计“红”
模块（一）“OUT−”	照度计“黑”

（4）打开电源，将输出调节单元三个旋钮调至最大，0 ~ 30 V 可调电源调至 0 V，记录照度光电成像与显示技术实验值 L_1。

（5）顺时针缓慢调节 0 ~ 30 V 可调电源至照度值不变化（或变化微小），记录照度值 L_2。

（6）缓慢调节 0 ~ 30 V 可调电源至照度值 $L_3=L_2+9\times(L_1-L_2)/10$，测量 LCD（副 PCB 上）两端电压 U_1 即为阈值电压。

（7）缓慢调节 0 ~ 30 V 可调电源至照度值 $L_3=L_2+(L_1-L_2)/10$，测量 LCD（副 PCB 上）两端电压 U_2 即为关断电压。

二、LCD 对光线透过率的测量实验

（1）参考上述实验进行接线。

（2）打开电源，将输出调节单元三个旋钮调至最大，0 ~ 30 V 可调电源调至表 4-5-3 对应的数据，将对应的照度计读数填入表 4-5-3 中。

表 4-5-3　照度计读数

LCD 电/V	0.1	0.2	0.3	0.4	0.5	0.6	0.7	0.8	0.9	1
照度/lx										
LCD 电压/V	1.1	1.2	1.3	1.4	1.5	1.6	1.7	1.8	1.9	2
照度/lx										
LCD 电压/V	2.1	2.2	2.3	2.4	2.5	2.6	2.7	2.8	2.9	3
照度/lx										
LCD 电压/V	3.1	3.2	3.3	3.4	3.5	3.6	3.7	3.8	3.9	4
照度/lx										

（3）照度趋向值对应的电压 U 即为 LCD 的饱和电压。

（4）透过率 $T_n=(L_n-L_b)/(L_0-L_b)\times100\%$。其中，$T_n$ 为透过率；L_n 为照度；L_0 为透过率为 100%，

即 LCD 电压 U_0=0（n=0）时照度计的读数；L_b 为 LCD（副 PCB 上）接饱和电压，即 U_n=U_b（U_b 为饱和电压）时照度计的读数。依据实验数据绘制 LCD 电压-透过率特性曲线。

（5）改变光源波长（红、绿、蓝），用同样的方法，绘制 LCD 对不同波长光线（红、绿、蓝）电压-透过率特性曲线。

三、LCD 连续视角测量实验

（1）参考上述实验进行接线。

（2）将输出调节单元的三个旋钮顺时针调节到最大，使得 LED 套筒亮度最大。

（3）调节 LCD（副 PCB 上）角度，并将水平和垂直两个方向上的视角照度值填入表 4-5-4 中。

表 4-5-4　LCD 连续视角实验数据

水平视角/（°）	−85	−80	−75	−70	−65	−60	−55	−50	−45
水平视角照度/lx									
水平视角/（°）	−40	−35	−30	−25	−20	−15	−10	−5	0
水平视角照度/lx									
水平视角/（°）	0	5	10	15	20	25	30	35	40
水平视角照度/lx									
水平视角/（°）	45	50	55	60	65	70	75	80	85
水平视角照度/lx									
垂直视角/（°）	−85	−80	−75	−70	−65	−60	−55	−50	−45
垂直视角照度/lx									
垂直视角/（°）	−40	−35	−30	−25	−20	−15	−10	−5	0
垂直视角照度/lx									
垂直视角/（°）	0	5	10	15	20	25	30	35	40
垂直视角照度/lx									
垂直视角/（°）	45	50	55	60	65	70	75	80	85
垂直视角照度/lx									

【知识提炼】

LCD

LCD：液晶显示器，又称液晶显示，是 Liquid Crystal Display 的简称。LCD 的构造是在两片平行的玻璃基板当中放置液晶盒，通过控制上下基板的光电信号实现液晶的显示。LCD

的主要技术参数包括阈值电压、对比度、亮度、信号响应时间、可视角度等。

液晶的种类很多，仅以常用的 TN（扭曲向列）型液晶为例，说明其工作原理。

TN 型光开关的结构如图 4-5-1 所示。在两块玻璃板之间夹有正性向列相液晶，液晶分子的形状如同火柴一样，为棍状，长度为十几 Å（1 Å=10^{-10} m），直径为 4 ~ 6 Å，液晶层厚度一般为 5 ~ 8 μm。玻璃板的内表面涂有透明电极，电极的表面预先做了定向处理（可用软绒布朝一个方向摩擦，这样，液晶分子在透明电极表面就会躺倒在摩擦所形成的微沟槽里；也可在电极表面涂取向剂），使电极表面的液晶分子按一定方向排列，且上下电极上的定向方向相互垂直。上下电极之间的那些液晶分子因范德华力的作用，趋向于平行排列。

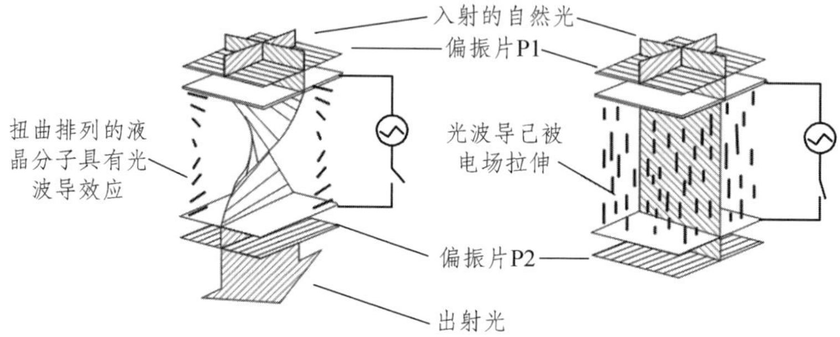

图 4-5-1 TN 型光开关的结构

然而由于上下电极上液晶的定向方向相互垂直，所以从俯视方向看，液晶分子的排列从上电极的沿−45°方向排列逐步均匀地扭曲到下电极的沿+45°方向排列，整体扭曲了 90°，如图 4-5-1 所示。

理论和实验都证明，上述均匀扭曲排列起来的结构具有光波导的性质，即偏振光从上电极表面透过扭曲排列起来的液晶传播到下电极表面时，偏振方向会旋转 90°。

取两张偏振片贴在玻璃的两面，P1 的透光轴与上电极的定向方向相同，P2 的透光轴与下电极的定向方向相同，于是 P1 和 P2 的透光轴相互正交。

在未加驱动电压的情况下，来自光源的自然光经过偏振片 P1 后只剩下平行于透光轴的线偏振光，该线偏振光到达输出面时，其偏振面旋转了 90°。这时光的偏振面与 P2 的透光轴平行，因而有光通过。

在施加足够电压的情况下（一般为 1 ~ 2 V），在静电场的吸引下，除了基片附近的液晶分子被基片"锚定"以外，其他液晶分子趋于平行于电场方向排列。于是原来的扭曲结构被破坏，成了均匀结构，如图 4-5-1 右图所示。从 P1 透射出来的偏振光的偏振方向在液晶中传播时不再旋转，保持原来的偏振方向到达下电极。这时光的偏振方向与 P2 正交，因而光被关断。

对 LCD 加压，LCD 透过率发生变化。阈值电压是透过率为 90%时的供电电压，关断电压是透过率为 10%时的供电电压。通常液晶显示器的可视角度左右对称，而上下则不一定对称，表现出的现象是不同角度看到液晶显示器亮度等不一致。

【思考题】

简述 LCD 的显示原理。

任务六　LED 显示屏的组装与调试

【任务描述】

LED 显示屏作为 LED 产业链下游的主要应用之一，是 LED 显示技术的重要载体。随着 LED 产业的发展，LED 显示屏的组装与调试人员需求越来越大。学生课前应了解 LED 显示屏的基础知识及调试方法，为后续课程打下基础。老师指导后，学生完成 LED 显示屏的组装与调试，并深入研究多种显示屏的组装及调试方法。

【任务目标】

知识目标

（1）掌握 LED 屏幕硬件系统的组成及设备的使用方法。

（2）掌握 LED 显示屏线路的配线制作。

（3）掌握 LED 显示屏线路的布线。

技能目标

（1）熟练使用 LED 显示屏配线制作工具。

（2）熟练使用显示屏调试工具。

【任务实施】

一、安装步骤

LED 屏幕硬件系统由开关电源、屏幕模块、接收卡、播放盒、PC 端、电源连接线、数据传输线等组成，其结构框架如图 4-6-1 所示。

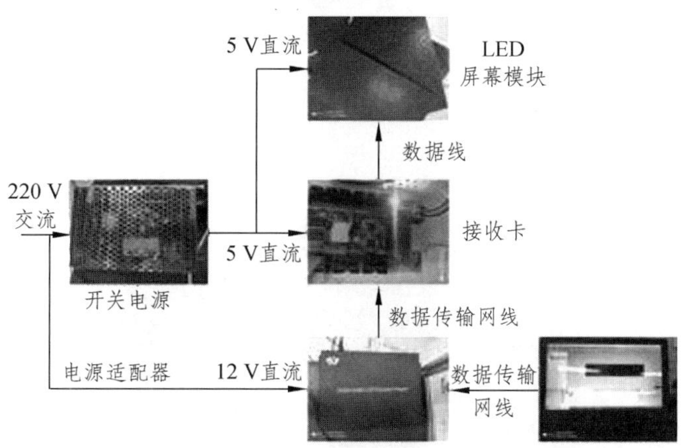

图 4-6-1　LED 屏幕硬件系统的组成

1. 器件说明

（1）开关电源如图 4-6-2 所示。

图 4-6-2　开关电源

一般使用的是开关电源为 220 V 输入，5 V 直流输出。需要指出的是，由于 LED 显示屏幕属于精密电子设备，所以要采用开关电源，不能采用变压器。对于 1 个单红色户内 64 × 16 的单元板，全亮时，电流为 2 A。

推理出，128 × 16 双色屏幕全亮时，电流为 8 A，应选择 5 V、10 A 的开关电源。

（2）播放盒如图 4-6-3 所示。

图 4-6-3　播放盒

（3）接收卡如图 4-6-4 所示。

图 4-6-4　接收卡

（4）LED 屏幕模块如图 4-6-5 所示。

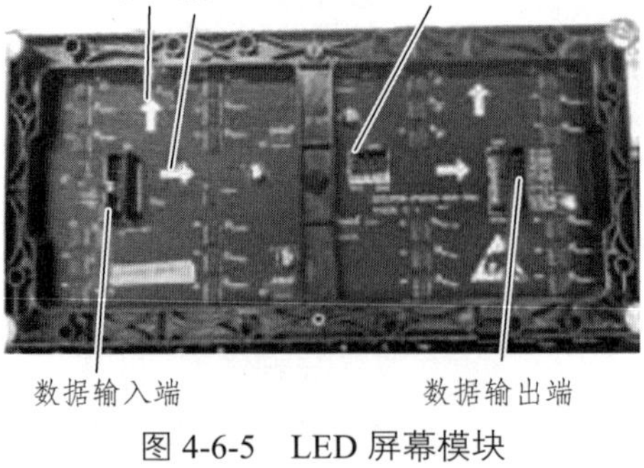

图 4-6-5　LED 屏幕模块

2. 配件制作

（1）排线（数据线）制作。

排线和计算机机箱里面的数据线类似，只是线的宽度有些差异。制作排线，需要一个特殊的钳子（见图 4-6-6），可以大大提高工作效率和良品率。制作排线的材料有：排线、排线头、排线帽。这里要注意，如果是制作 16PIN（16 线）的排线，需要购买 16PIN 的线和相应大小的排线头和帽。制作步骤：把线头用剪刀剪平，然后放头排线头（注意线和头的平衡），然后放进压线钳的中央，用力压紧，然后把线绕过来，安装排线帽。排线帽很重要，可以有效保护排线，让排线更加结实。

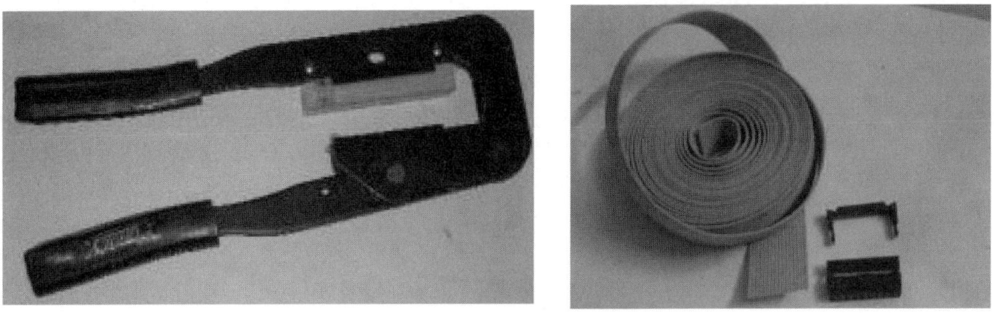

图 4-6-6 钳子照片和排线配件

（2）电源线制作。

电源分为 220 V 电源线和 5 V 电源线。220 V 电源线用于连接开关电源到市电，最好采用 3 脚插头。这里着重讲述 5 V 直流电的电源线，由于 5 V 的电流比较大，最好采用铜芯直径在 1 mm 以上的红黑对线。有条件的话，最好将线的两头装上金属件，如图 4-6-7 所示。

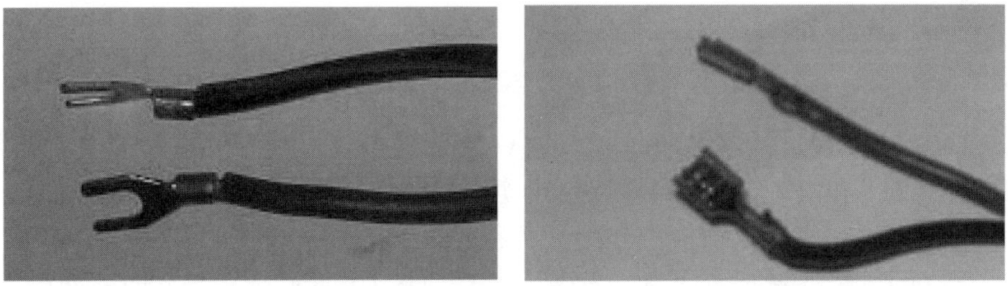

图 4-6-7 电源线

（3）RS232 线制作。

RS232 线用于连接计算机和控制卡，以更新屏幕数据。这里需要用到 DB9 头（见图 4-6-8）和网线。仔细观察 DB9 头，上面有数字，将 5 连接棕，将 3 连接棕白。将网线夹紧，装在 DB9 头上（一定要夹紧，用力拉几下，看是否一拉就断）。然后用万用表测量一下两头，看是否导通。这里需要指出，DB9 的头分公头和母头两种。计算机后面的属于母座，所以要用到公头。现在的笔记本计算机一般没有串口，需要购买一条 USB 转 RS232 串口线。

图 4-6-8　DB9 的配件图片

3. 硬件线路布线

（1）检查电源电压，找出直流正负连接开关电源，将 220 V 电源线连接到开关电源，确认连接正确后，连接到 AC 或者 NL 接线柱，如图 4-6-9 所示。然后插上电，发现电源灯会亮，再用万用表直流挡测量 V+和 V-之间的电压，确保电压在 4.8 ~ 5.1 V。旁边有个旋钮，可以用十字螺丝刀调节电压。为了减少屏幕发热，延长寿命，在亮度要求不高的场合，可以把电压调节到 4.5 ~ 4.8 V。确认电压没有问题后，断开电源，继续组装其他部分。

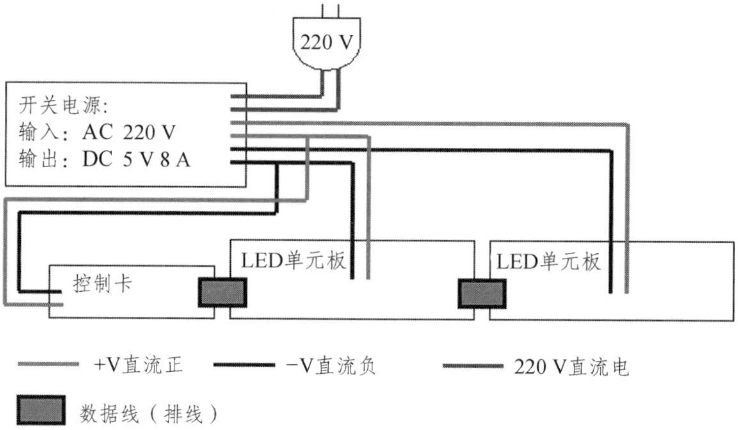

图 4-6-9　电源连接示意图

（2）先把电源关闭。将 V+连接红色线，V-连接黑色线，分别连接到控制卡和 LED 单元板，黑色线接控制卡和电源的 GND。红色线连接控制卡的+5 V 和单元板的 VCC。每个单元板都有 1 条电源线。完成后，请检查连接是否正确。

（3）用做好的排线连接控制卡和单元板，如图 4-6-10 所示。注意方向不能接反，并注意单元板 2 个 16PIN 的接口，1 个是输入，1 个是输出，靠近 74HC245/244 的是输入，将控制卡连接到输入。输出连接到下一个单元板的输入。

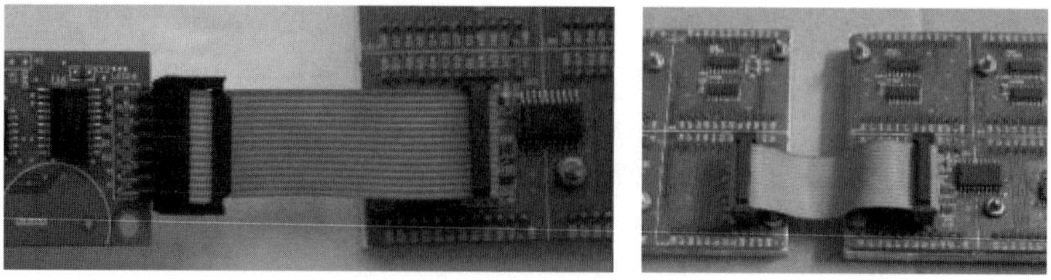

图 4-6-10　连接控制卡和单元板

（4）连接 RS232 数据线，将做好的数据线一头连接计算机的 DB9 串口，另一头连接控制卡，将 DB9 的 5 脚（棕）连接到控制卡的 GND，将 DB9 的 3 脚（棕白）连接到控制卡的 RS232-RX，如图 4-6-11 所示。

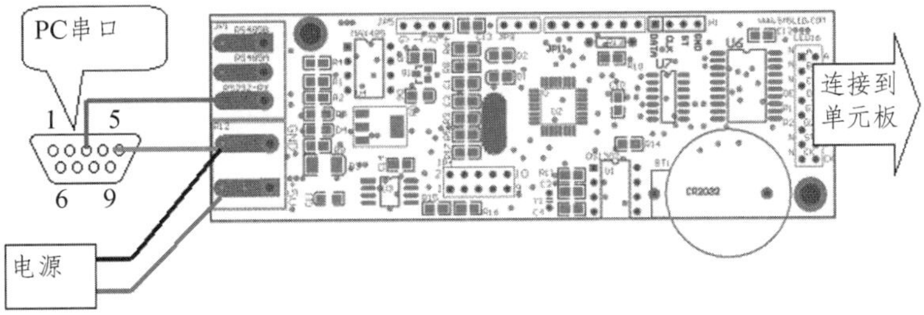

图 4-6-11　连接 RS232 数据线

（5）再次检查连线是否正确，黑线连接的是-V 和 GND。红线连接的是+V 和 VCC+5 V。

（6）接通 220 V 电源，正常情况下，电源灯亮，控制卡亮，屏幕有显示。如果不正常，请检查连线，或者查看错误检修。

（7）打开下载的软件，设定屏幕的参数，发送字幕。具体可参照软件使用说明。

如果屏幕出现两个单元板显示相同的内容，请设定屏幕的大小为 8 个汉字。

二、LED 屏幕的使用

1. 屏幕测试

播放盒通电后会以上次使用时设置的工作状态运行，在播放盒前方有“TEST”按键，多次按下该按键，屏幕依顺序显示状态为：全红、全绿、全蓝、全白、色阶、行扫描、列扫描、左斜线扫描、右斜线扫描、白色间隔扫描。全部显示正常则说明硬件正常。

2. 控制软件介绍

HDPlayer 软件操作界面如图 4-6-12 所示。

图 4-6-12　HDPlayer 软件操作界面

3. 屏幕参数设置

在设置→屏参设置中可对软件中模拟显示屏幕参数进行设置，一般屏幕参数设置与实际电路连接中的真实屏幕硬件参数设置一致。设置界面如图 4-6-13 所示。

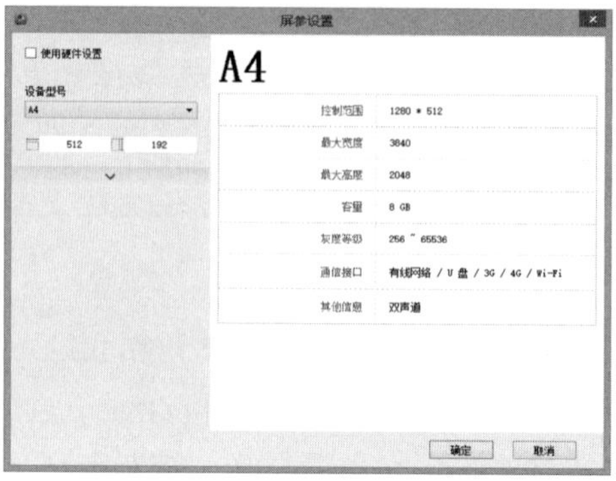

图 4-6-13　屏幕参数设置界面

4. 硬件设置

在设置→硬件设置中可对屏幕硬件进行设置，如图 4-6-14 所示。

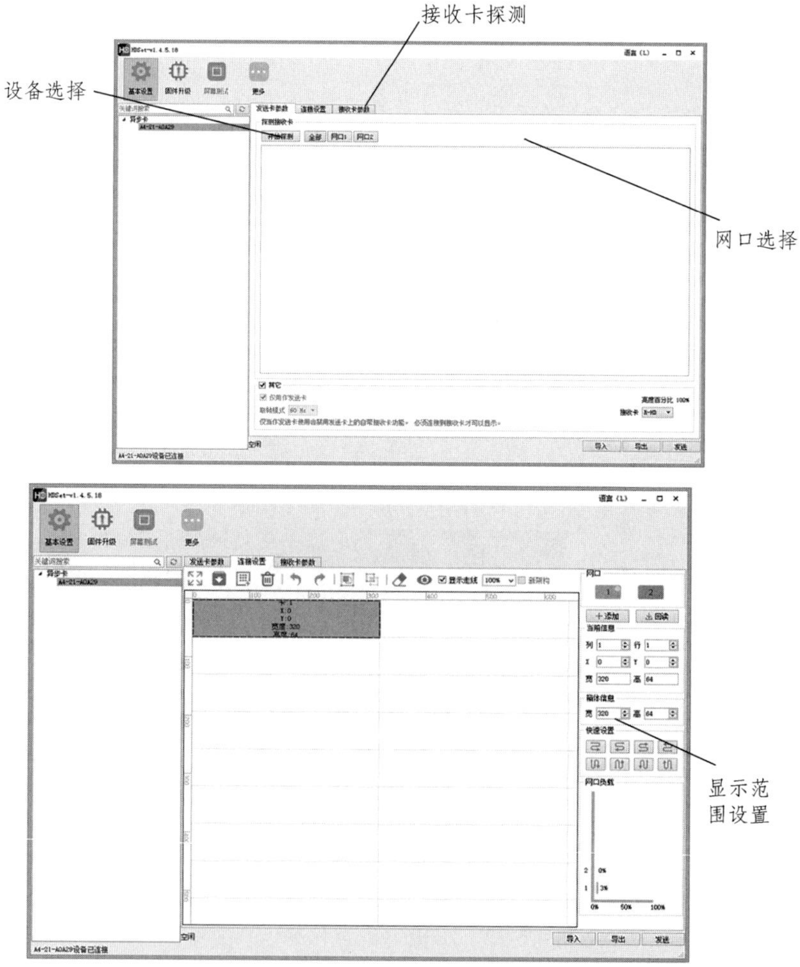

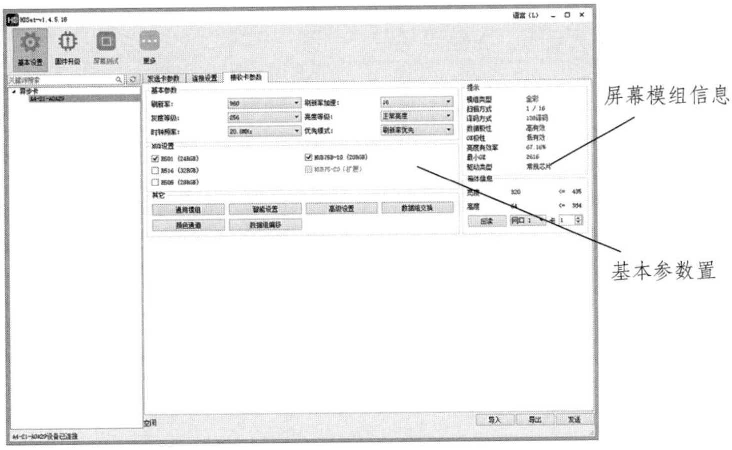

图 4-6-14　硬件设置

在通用模组中选择显示屏模组型号，在智能设置中对基本信息进行设置，如图 4-6-15 所示。

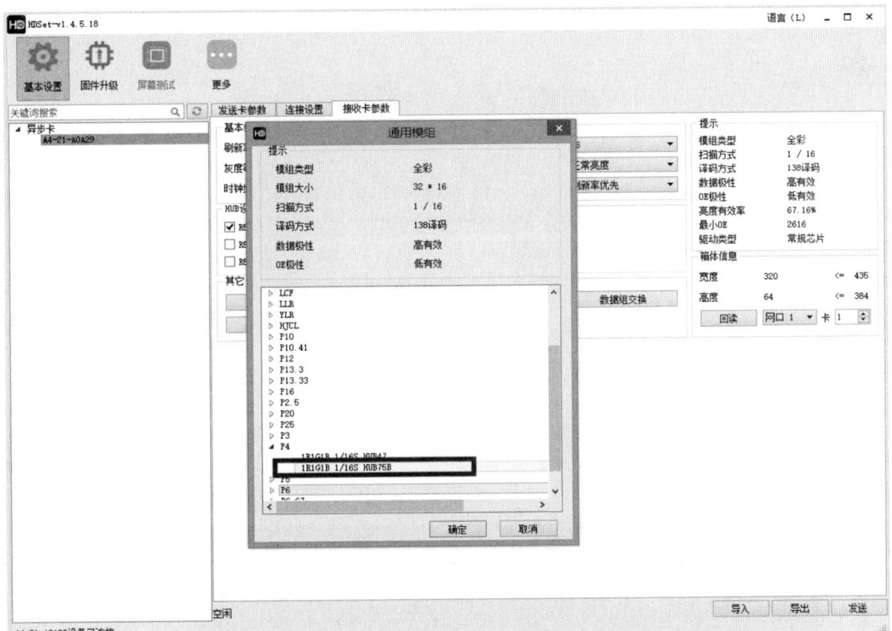

图 4-6-15　设置显示屏模组型号

5. 显示内容编辑

点击操作栏中的文件，选择新建屏幕，设置屏幕大小参数。点击节目内容，添加设置中的节目可添加显示节目，一个节目是一个画面中显示的所有内容，不同节目则是不同的画面，按照在列表中的顺序依次显示，如图 4-6-16 所示。点击视频、图片、文本、时钟等可在节目中添加对应内容。以多行文本为例，设置界面如图 4-6-17 所示。

内容编辑完成后，点击发送可将内容发送至播放盒，并在实际屏幕上显示，或者点击导出 U 盘将编辑内容文件导出至 U 盘，如图 4-6-18 所示。

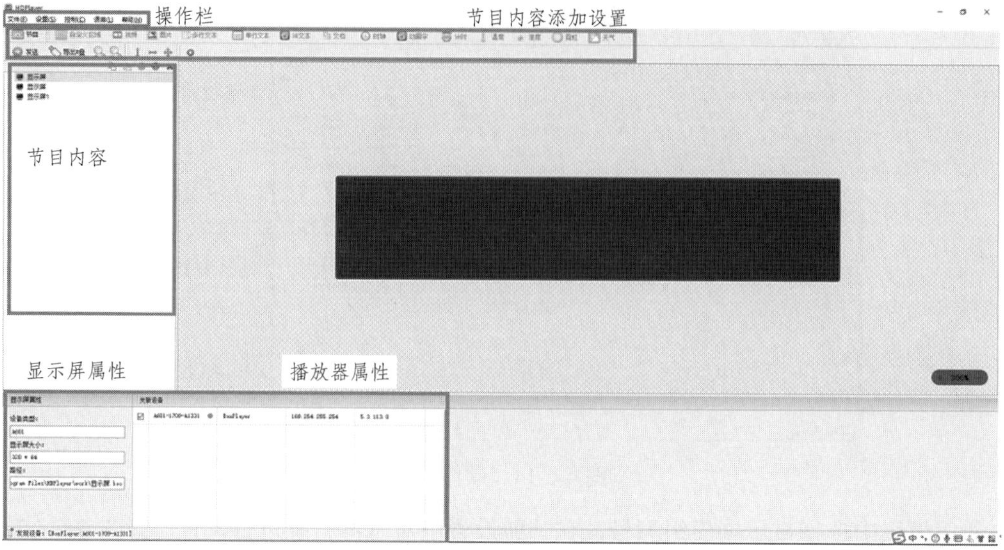

图 4-6-16　显示内容编辑

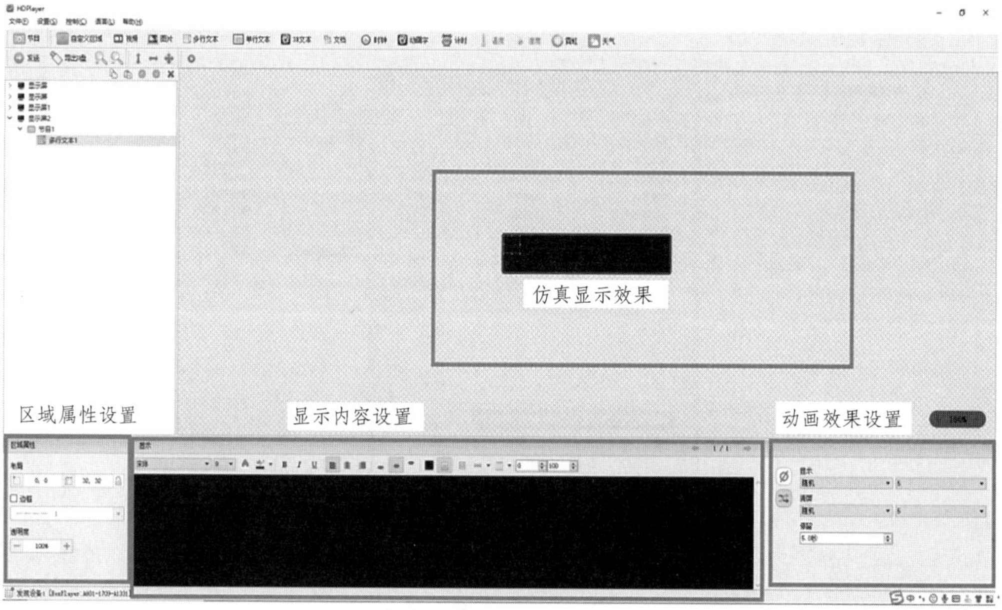

图 4-6-17　多行文本设置界面

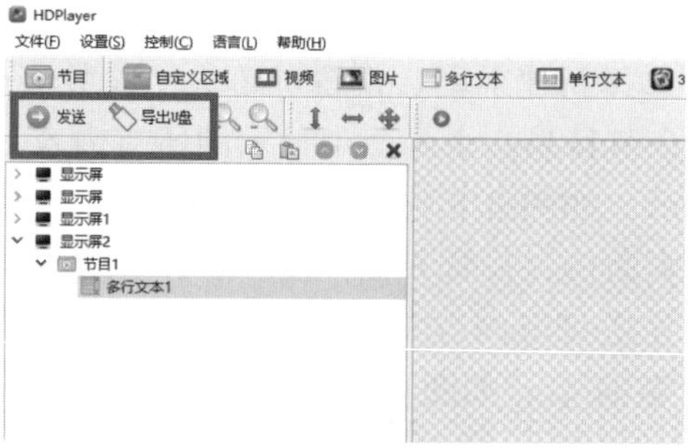

图 4-6-18　发送和导出 U 盘

【知识提炼】

一、LED 显示屏分类（见表 4-6-1）

表 4-6-1　LED 显示屏分类

分类方式	品　种	说　明
使用环境	室内 LED 显示屏	室内 LED 显示屏在室内环境下使用，此类显示屏亮度适中、视角大、混色距离近、质量轻、密度高，适合较近距离观看
	室外 LED 显示屏	室外 LED 显示屏在室外环境下使用，此类显示屏亮度高、混色距离远、防护等级高、防水和抗紫外线能力强，适合远距离观看
显示颜色	单基色 LED 显示屏	单基色 LED 显示屏由一种颜色的 LED 灯组成，仅可显示单一颜色，如红色、绿色、橙色等
	双基色 LED 显示屏	双基色 LED 显示屏由红色和绿色 LED 灯组成，256 级灰度的双基色显示屏可显示 65 536 种颜色（双色屏可显示红、绿、黄 3 种颜色）
	全彩色 LED 显示屏	全彩色 LED 显示屏由红色、绿色和蓝色 LED 灯组成，可显示白平衡和 16 777 216 种颜色
显示功能	图文 LED 显示屏（异步屏）	图文 LED 显示屏可显示文字文本、图形图片等信息内容，可联网脱机显示
	视频 LED 显示屏（同步屏）	视频 LED 显示屏可实时、同步显示各种信息，如二维或三维动画、录像、电视、影碟以及现场实况等多种视频信息内容

二、LED 显示屏涉及的名词概念

1. 像　素

像素是 LED 显示屏的最小成像单元，俗称“点”或“像素点”。

如图 4-6-19 所示是由 2 红 2 绿组成的 1 个显示像素点。

2. 点　距

点距是 2 个像素点之间的距离，主要取决于观看者的距离。通常点距的概念用于室外屏，有 P6、P7.62、P8、P10、P12、P16、P20 等，以毫米（mm）为单位。室外屏观看距离一般在 30 m 内，采用不大于 P16（16 mm）的模组。点距越密，显示出来的字笔画越细腻，单位面积像素点越多，显示屏成本越贵。

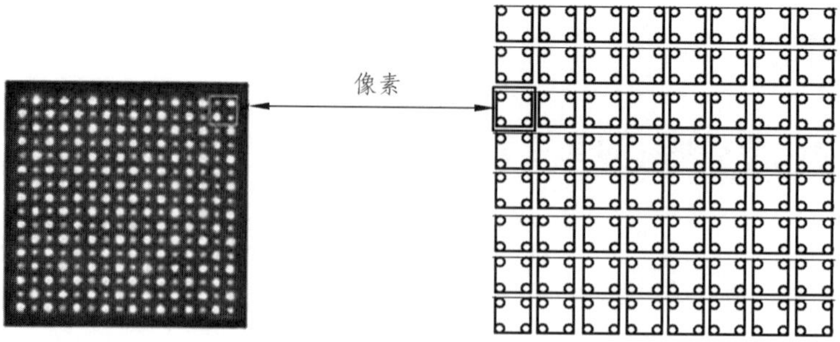

图 4-6-19　像素点

3. 扫描方式

扫描方式决定了模组之间连接的形式，有 1/16、1/8、1/4、1/2、静态几种方式。因为 LED 显示屏是逐行刷新显示的，扫描方式也就决定了显示刷新的方式，如 1/16 就是每次刷新 1 行，16 行为一个扫描周期，需 ABCD 四个信号控制；1/8 就是每次刷新 1 行，8 行为一个扫描周期，需 ABC 三个信号控制；其他依此类推。如果采用相同的 LED 灯，1/16 扫的亮度要比 1/8 低，静态（1/1）的亮度是最高的。户内的屏一般采用 1/16，户外和半户外的一般采用 1/16 或者 1/8。对于放置在经常受到猛烈阳光照射环境中的 LED 显示屏，最好用 1/4 扫描。

三、LED 显示屏模组规格计算方法

间距计算方法：计算每个像素点到另外一个像素点之间的距离。每个像素点可以是一颗 LED 灯（如 1R）、两颗 LED 灯（2R/1R1G）、三颗 LED 灯（2R1G）。

长度和高度计算方法：点间距 × 点数=长/高。如：

P16 长度=16 点 × 1.6 cm=25.6 cm

高度=8 点 × 1.6 cm=12.8 cm

P10 长度=32 点 × 1.0 cm=32 cm

高度=16 点 × 1.0 cm=16 cm

屏体使用模组数：使用模组数=总面积÷模组长度÷模组高度。如 10 m^2 的 P16 户外单色 LED 显示屏使用模组数为

10 m^2÷0.256 m÷0.128 m=305.176 78≈305（个）

更加精确的计算方法：使用模组总数=长度使用模组数 × 高度使用模组数。如长 5 m、高 2 m 的 P16 单色 LED 显示屏使用模组数为

长使用模组数=5 m÷0.256 m=19.531 25≈20（个）

高使用模组数=2 m÷0.128 m=15.625≈16（个）

使用模组总数目=20 个 × 16 个=320（个）

【思考题】

LED 显示屏亮度不一致，如何解决？

【项目评价】

1. 考核评价表（见表 4-6-2）

表 4-6-2　考核评价表

内容	目标	标准	方式	权重	自评	评价
出勤与安全情况	让学生养成良好的工作习惯	100 分	以 100 分为基础，按这 6 项的权重给分，其中"任务完成及项目展示汇报情况"具体评价见"任务完成度"评价表	10%		
学习、工作表现	学生参与工作的态度与能力			15%		
回答问题的表现	学生掌握知识与技能的程度			15%		
团队合作情况	小组团队合作情况			10%		
任务完成及项目展示汇报情况	小组任务完成及汇报情况			40%		
拓展能力情况	拓展能力提升状态，任务完成情况			10%		
创造性学习（附加分）	考核学生的创新意识	10 分	老师以 10 分为上限，奖励工作中有突出表现和特色做法的学生	加分项		
学习成绩=出勤情况 × 20%+学习及工作表现 × 20%+知识及技能掌握 × 20%+团队合作情况 × 10%+任务完成情况 × 30%+创造性学习						

2. 任务完成度评价表（见表 4-6-3）

表 4-6-3　任务完成度评价表

任务	要求	权重	分值

3. 项目总结（见表 4-6-4）

表 4-6-4　项目总结

项目学习情况：
心得与反思：

项目 五　智慧照明光电系统应用

【项目描述】

随着城市化进程的加快，城市的照明系统也在不断升级。传统的照明系统已经不能满足城市发展的需要，智慧照明光电系统应运而生。本项目将重点介绍光敏传感器光控系统设计、红外传感器光控系统设计、噪声实时监测显示控制系统设计、光照度实时监测显示控制系统设计、智慧照明光电综合应用系统设计，为后续的课程学习打好基础。

【学习目标】

（1）掌握光敏传感器光控系统的设计。
（2）掌握红外传感光控系统的设计。
（3）掌握噪声传感器光控系统的设计。
（4）掌握光照度光控显示系统的设计。
（5）掌握智慧照明光电综合应用系统的设计。

【技能目标】

（1）熟练运用各类传感器。
（2）会 STM32 单片机程序编程。
（3）具备智慧照明光电综合应用设计能力。

任务一　光敏传感器光控系统设计

【任务描述】

当不同程度的亮度照射到光敏传感器时，通过传感器阻值的变化，计算出照度值，并控制 LED 灯的亮灭。学生课前需学习 STM32 相关知识及传感器知识，老师在课上指导学生完成原理图设计、硬件电路的搭建，学生完成程序编程。课后学生再深入探究和分析。

【任务目标】

知识目标

（1）掌握光敏传感器的使用方法。

（2）掌握不同亮度下光敏传感器阻值变化对应的照度值的变化情况。

（3）掌握 ADC1115 的基础知识及使用方法。

技能目标

（1）能够使用 STM32 单片机程序编程。

（2）能够熟练使用模数转换技术。

【任务实施】

一、器件选择

（1）STM32F103C8T6 主控单元。

（2）光敏电阻传感器。

（3）ADC 转换器或者用主控自带的 ADC 转换器（需 CubeMX 配置，见步骤三）。

（4）LED 指示灯。

二、光敏电阻光控系统原理图设计

光敏电阻光控系统原理图设计（运用 ADC 芯片）如图 5-1-1 所示。

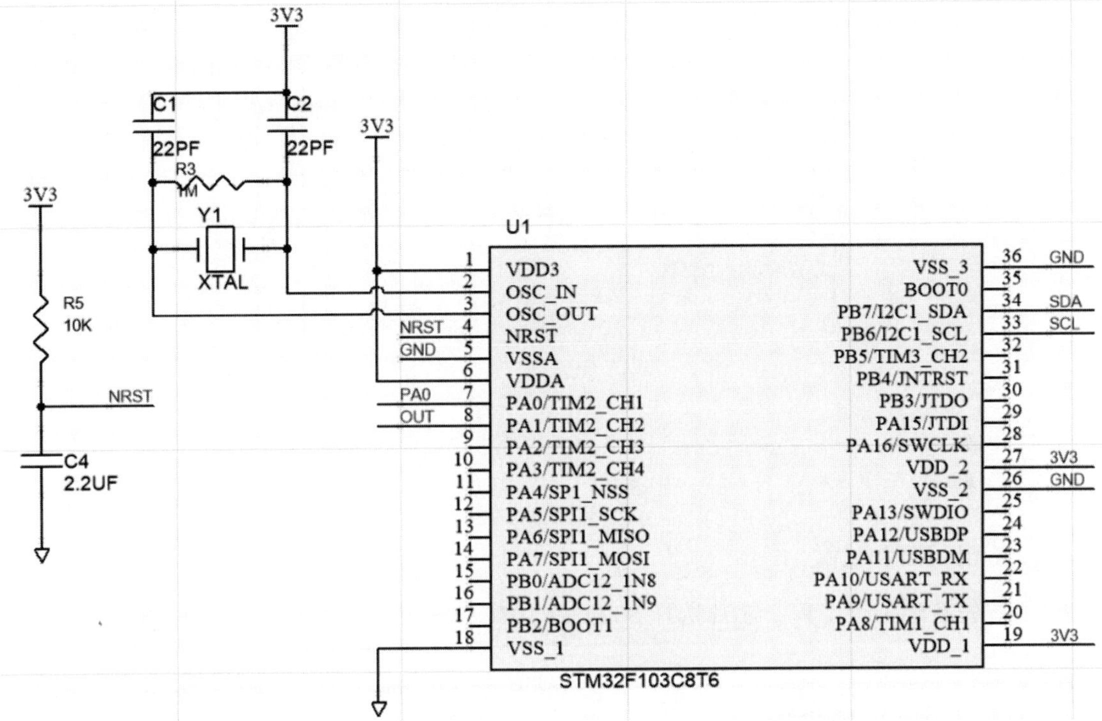

（a）STM32 主控电路原理图

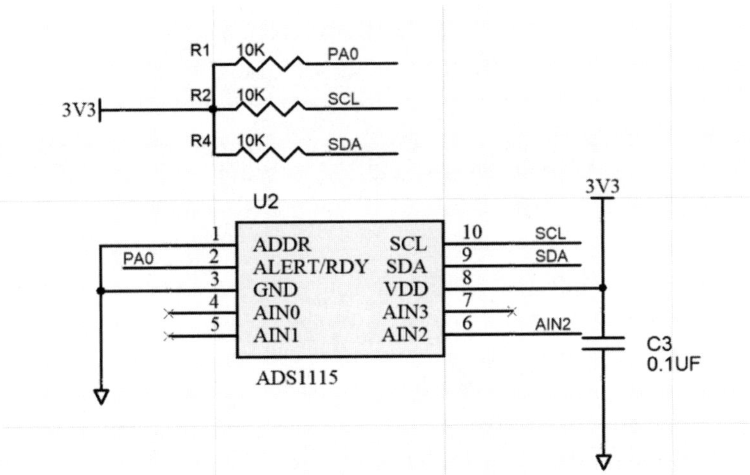

（b）ADC 转换电路原理图

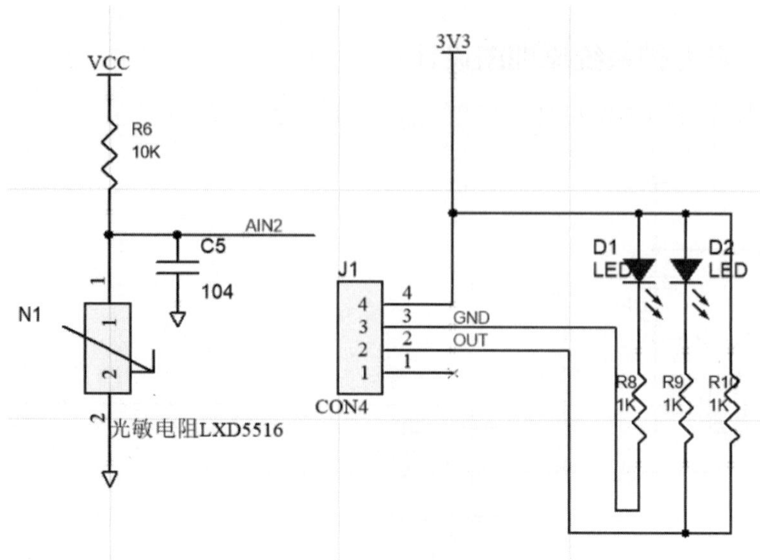

（c）光控电路原理图

图 5-1-1　电路原理图

三、CubeMX 配置

（1）首先新建一个工程，芯片选择 STM32F103C8T6，双击后进入，如图 5-1-2 所示。

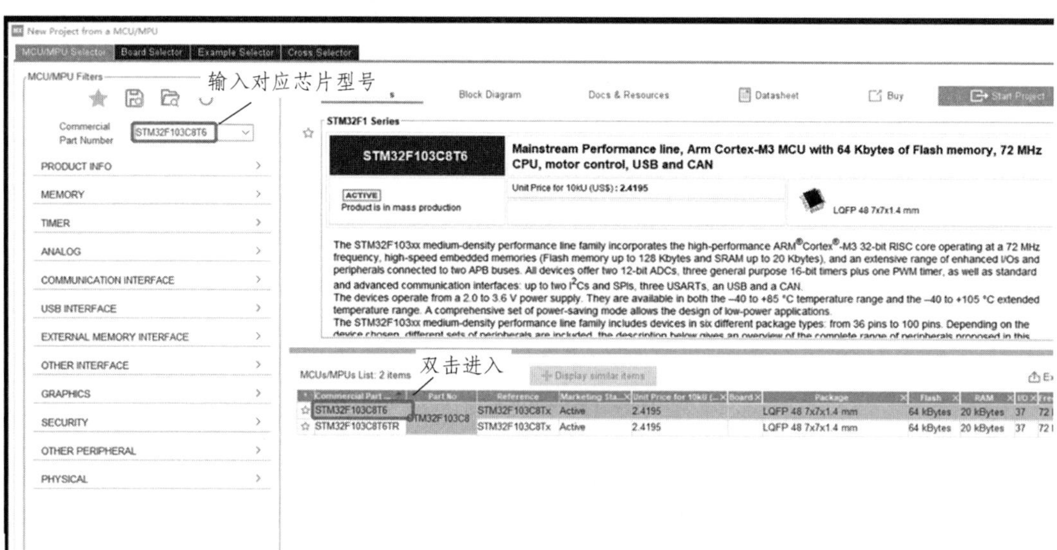

图 5-1-2　选择芯片

（2）进入后，首先进行基础配置。配置调试引脚，并配置时钟。在 SYS 下的 Debug 中选择 Serial Wire，如图 5-1-3 所示。

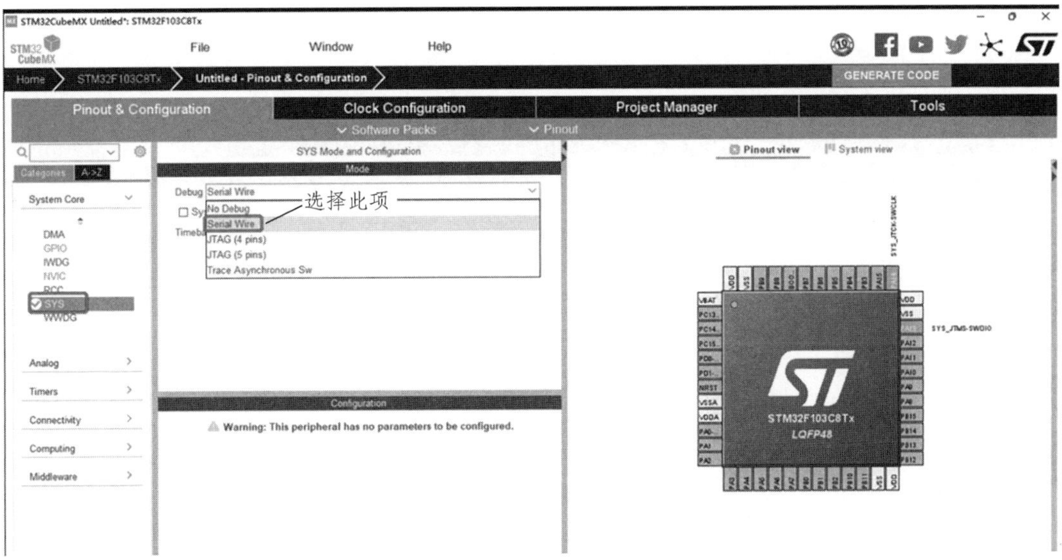

图 5-1-3　配置调试引脚

时钟配置选择外部时钟，如图 5-1-4 所示。

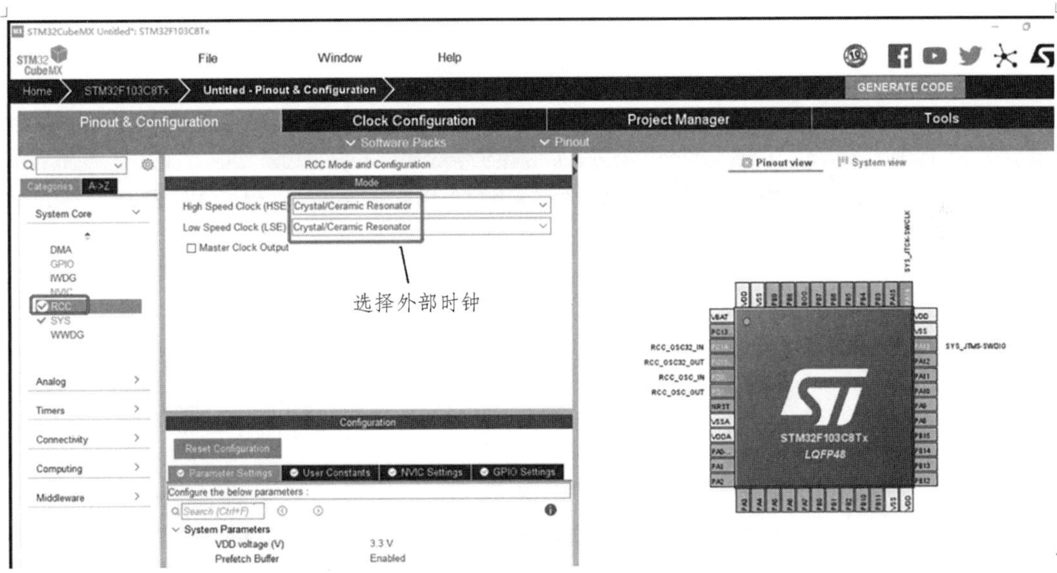

图 5-1-4　选择外部时钟

进入时钟配置，如图 5-1-5 所示。

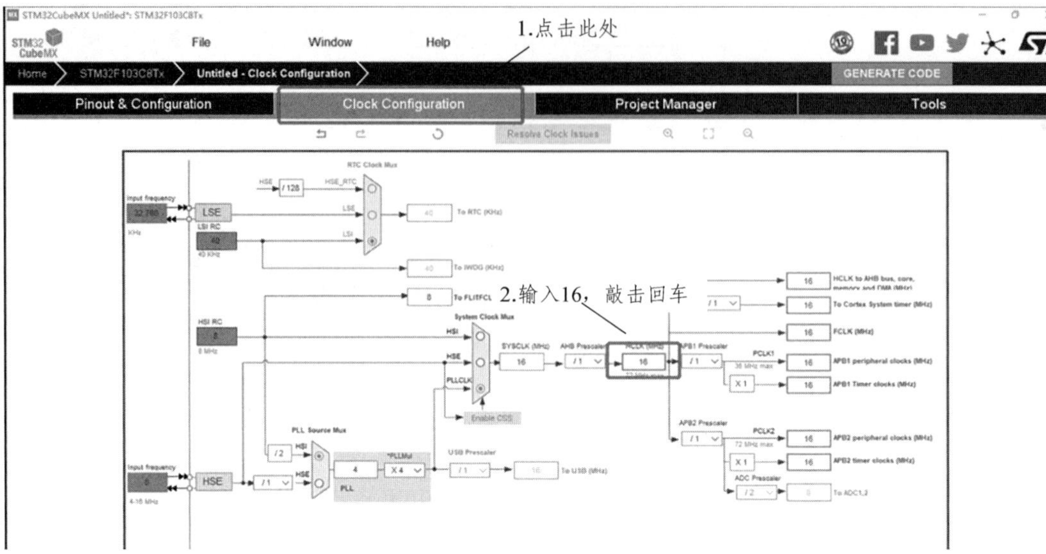

图 5-1-5　配置时钟

（3）ADC 相关配置，使用 PA1 脚作为 ADC，如图 5-1-6 所示。

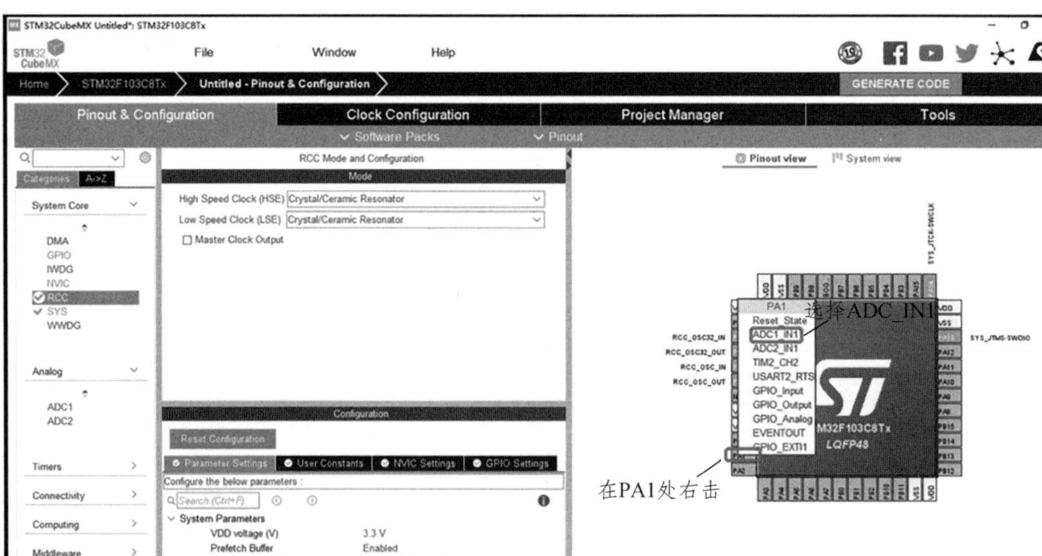

图 5-1-6　使用 PAI 脚作为 ADC

使能配置，如图 5-1-7 和图 5-1-8 所示。

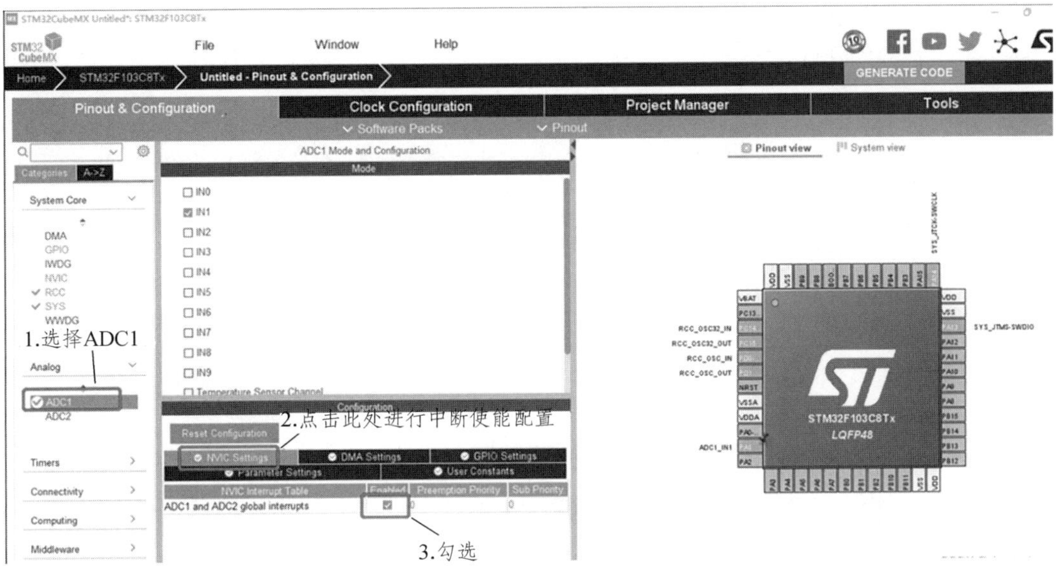

图 5-1-7　中断使能配置

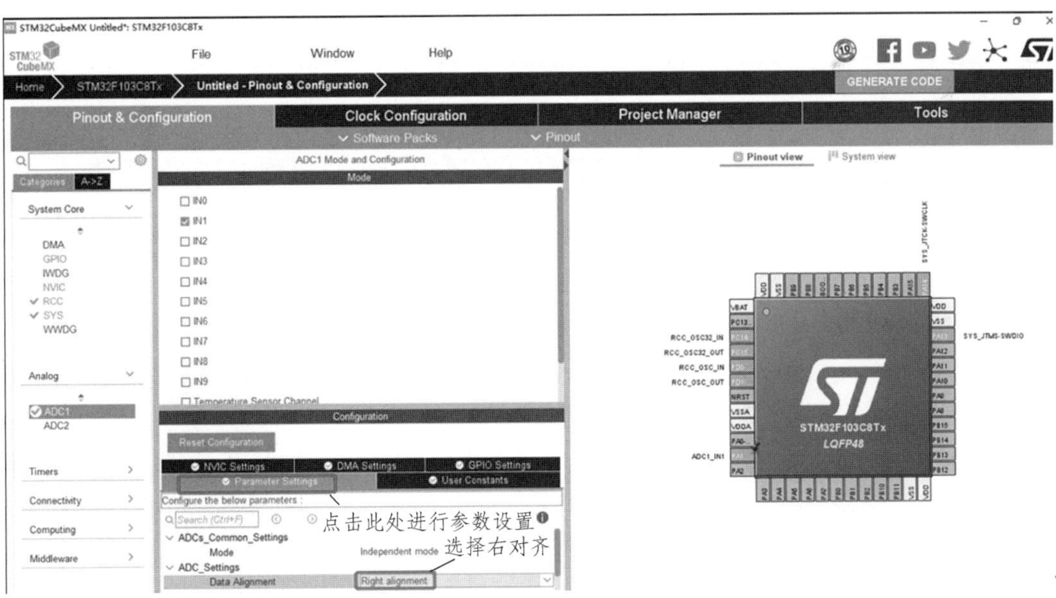

图 5-1-8　参数设置

为了方便看出光敏模块输出模拟量的变化，通过 PC 端的串口工具返回电压值。因此还需要进行串口配置，如图 5-1-9 所示。

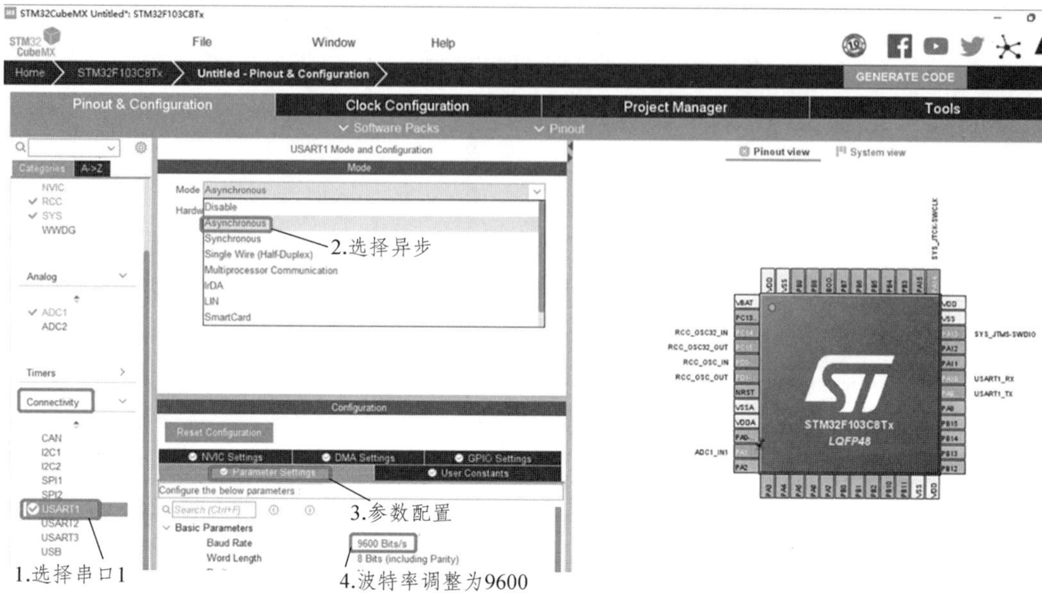

图 5-1-9　串口配置

同时也对其中断使能配置，勾选 Enabled，如图 5-1-10 所示。

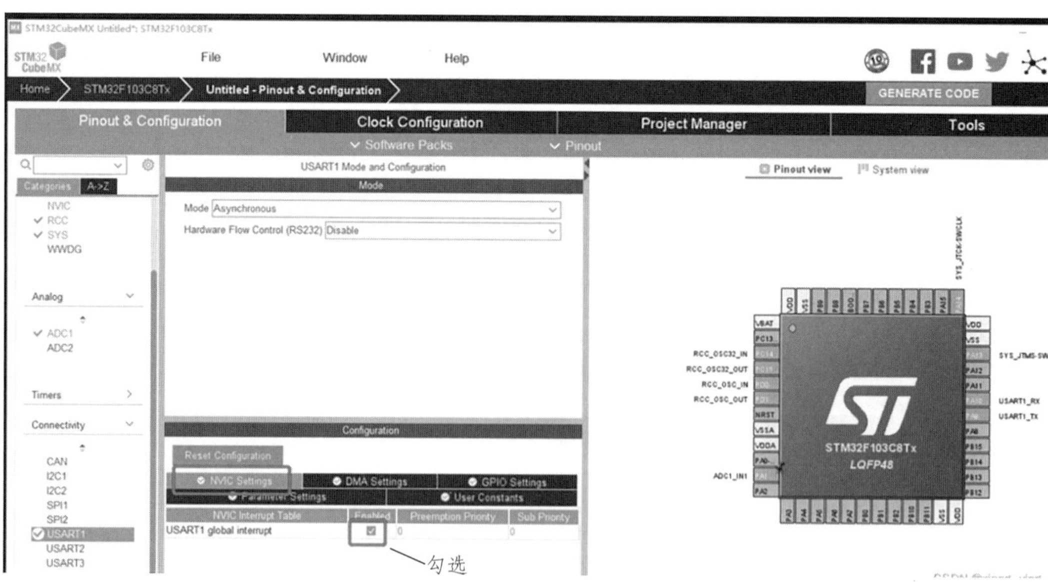

图 5-1-10　中断使能配置

后续配置如图 5-1-11 和图 5-1-12 所示。

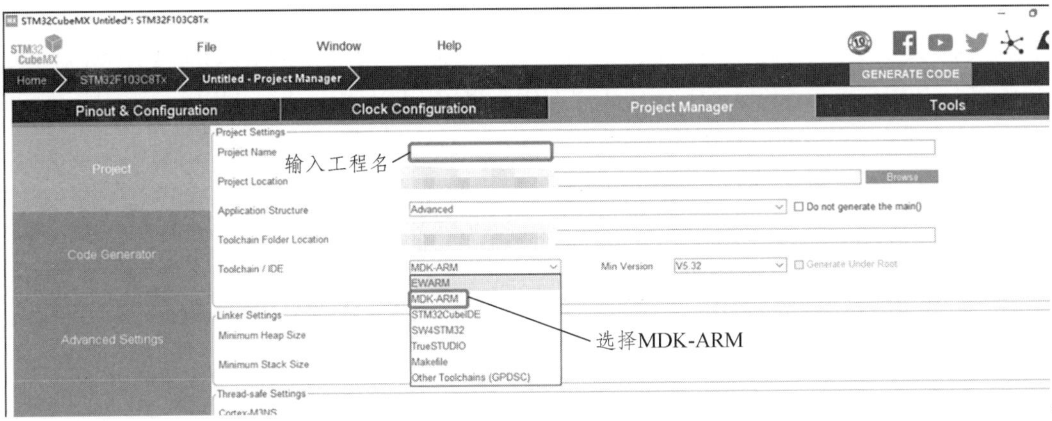

图 5-1-11　输入工程名

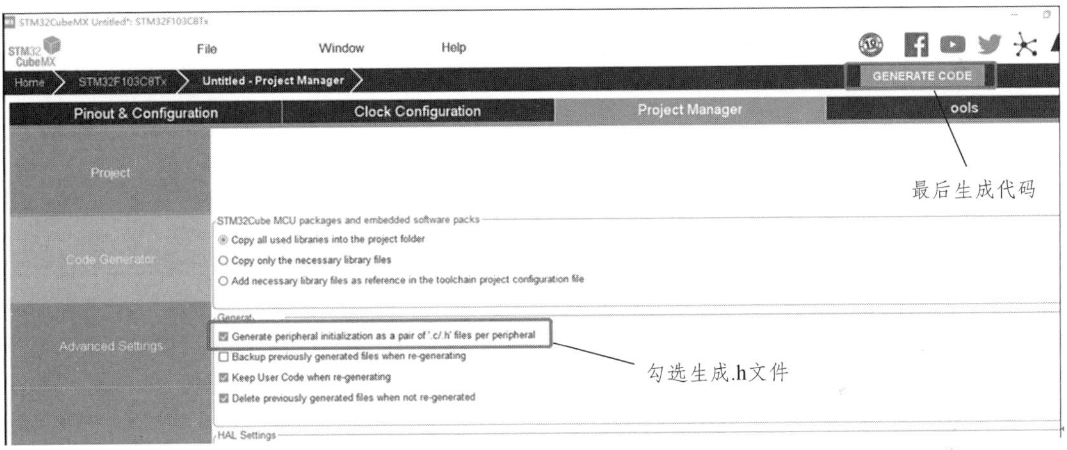

图 5-1-12　生成代码

四、主程序编写

```
#include "delay.h"
#include "sys.h"
#include "usart.h"
#include "ads1115.h"
#include "gpio.h"
//光敏电阻与照度对应数据结构
typedef struct
{
  unsigned short ohm;    //光敏电阻值
  unsigned short lux;    //流明
}PhotoRes_TypeDef;
//对照表
```

```
const  PhotoRes_TypeDef GL5528[281]=
{
    {40000, 1},{26350, 2},{20640, 3},{17360, 4},{15170, 5},
    {13590, 6},{12390, 7},{11430, 8},{10650, 9},{9990, 10},
    {9440, 11},{8950, 12},{8530, 13},{8160, 14},{7830, 15},
    {720, 773},{710, 791},{700, 809},{690, 829},{680, 849},
    {670, 869},{660, 891},{650, 914},{640, 937},{630, 961},
    {620, 987},
};
//多次采样 ADS1115 的数据，求平均值
#define   ADS1115_Read_Times   5
//光敏传感器电路，上拉电阻
#define PULL_UP  10000
/*****************************************************************
* 功能：根据光敏电阻阻值计算照度
* 参数：PhotoResistor：光敏电阻阻值
* 返回： 照度
*****************************************************************/
unsigned short photosensitive_lookup_table(float PhotoResistor)
{
    int i;
 unsigned short lux = 0;
 //查表法，根据电阻值得出光照度
 for(i = 0 ; i < 281 ; i++)
 {
if (PhotoResistor > GL5528[i].ohm)
 {
    lux = GL5528[i].lux;
 break;
 }
}
 return lux;
}
/*****************************************************************
* 功能：程序入口
* 参数：void
* 返回： 1
*****************************************************************/
int main(void)
```

```
{
    float voltage;
    float res_value;
    unsigned short photosensitive;
    /* 配置系统时钟为 72M */
  SystemInit();
    delay_init();               //延时函数初始化
    NVIC_Configuration();    //设置 NVIC 中断分组 2:2 位抢占优先级,2 位响应优先级
    uart_init(115200);               //串口初始化为 115200
  ADS1115_Init();      //ADC 初始化
  ADS1115_UserConfig2(); //ADS1115 配置
    ADS1115_ScanChannel(2);   //使用通道 2
    //gpio 初始化
    gpio_init();
    while(1)
    {
    //获取 ADC 转换结果
    voltage = ADS1115_GetAverageVoltage(ADS1115_Read_Times);
  //计算光敏电阻阻值
        res_value = PULL_UP * voltage / (3.3 - voltage);
  //查表计算照度值
    photosensitive = photosensitive_lookup_table(res_value);
  printf("当前照度值为: %d \r\n",photosensitive);
        //照度小于 100 时，点亮 LED 灯，否则熄灭 LED
        if(photosensitive < 100)
        {
            LEDON();
        }else
        {
            LEDOFF();
        }
    }
    return 1;
}
```

五、结果展示

见电子资料（扫码获取）。

光敏传感器光控系统设计结果

【知识提炼】

一、光敏电阻基础知识

1. 光敏电阻传感器概念

光敏电阻传感器也称为光电传感器，是利用光电器件把光信号转换成电信号的一种传感器。它的敏感波长在可见光波长附近，包括红外线波长和紫外线波长。光电传感器不只局限于对光的探测，它还可以作为探测元件组成其他传感器，对许多非电量进行检测，只要将这些非电量转换为光信号的变化即可。

光敏传感器是最常见的传感器之一，它的种类繁多，主要有：光电管、光电倍增管、光敏电阻、光敏三极管、太阳能电池、红外线传感器、紫外线传感器、CCD 和 CMOS 图像传感器等。光敏传感器是目前产量最多、应用最广的传感器之一，它在自动控制和非电量电测技术中占有非常重要的地位。

光敏电阻是一种由半导体材料制成的没有极性的纯电阻，是一种对光敏感的光电器件。

2. 光敏电阻的主要参数

暗电阻和暗电流：通常把光敏电阻未受到光照射时的电阻称为暗电阻，在没有光照射时流过的电流称为暗电流。

亮电阻和亮电流：亮对应于暗，通常将光敏电阻在受到光照射时的电阻称为亮电阻，在有光照射时通过的电流称为亮电流。

3. 光敏电阻的主要特性

伏安特性：在一定的光照强度下，光敏电阻两端所加的电压与电流成正比，阻值只和照射的入光强度有关，与加在两端的电流或者电压无关。

光谱特性：光存在不同的波长，不同波长的光对光敏电阻的灵敏度是不一样的。

温度特性：光敏电阻受温度的影响较大，当温度升高时，暗电阻和灵敏度都会随之下降。

4. 工作原理

光敏电阻串联在电路中，在光敏电阻的两端，通常加上合适的电压，在没有光照的条件下，光敏电阻的阻值接近于无穷大，相当于断路，当在一定的光照强度下，光敏电阻的阻值会减少，电流对应增大，足够的光照强度使得光敏电阻所在的支路相当于短路。

二、ADC（模数转换器）基础知识

1. 模数转换器概念

模数转换，即 Analog-to-Digital Converter，常称 ADC，是指将连续变量的模拟信号转换为离散的数字信号的器件，比如将模温传感器产生的电信号转为控制芯片能处理的数字信号 0101，这样 ADC 就建立了模拟世界的传感器和数字世界的信号处理与数据转换的联系。

2. ADC 处理

ADC 处理一般要经过采样、保持、量化和编码 4 个步骤。

（1）采样和保持。

采样是将时间上连续变化的信号，转换为时间上离散的信号，即将时间上连续变化的模拟量转换为一系列等间隔的脉冲，脉冲的幅度取决于输入模拟量，如图 5-1-13 所示。这里采样需遵循采样定理，即当采样频率大于模拟信号中最高频率成分的两倍时，采样值才能不失真地反映原来的模拟信号。

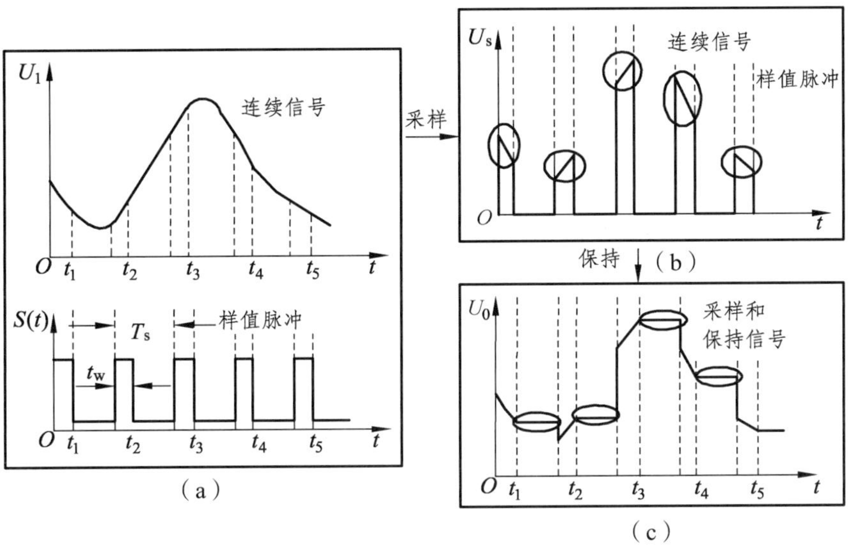

图 5-1-13　信号的采样和保持

模拟信号经采样后，得到一系列样值脉冲，如图 5-1-13（b）所示。采样脉冲宽度一般是很短暂的，在下一个采样脉冲到来之前，应暂时保持所取得的样值脉冲幅度，如图 5-1-13（c）所示，以便进行转换。因此，在采样电路之后须加保持电路，如图 5-1-14 所示。

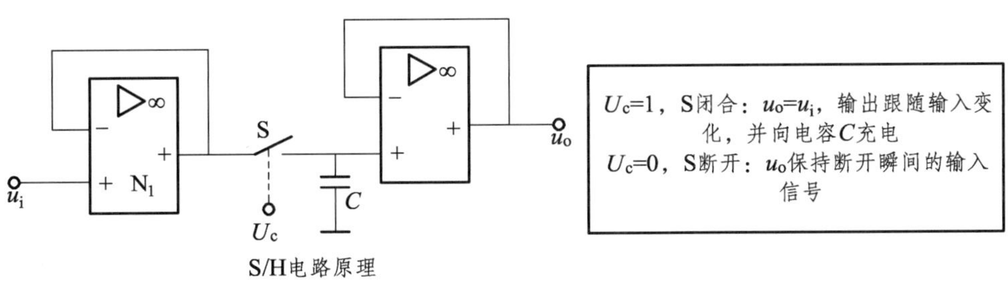

图 5-1-14　保持电路

（2）量化和编码。

输入的模拟信号电压经过采样保持后，得到的是阶梯波。而该阶梯波仍然是一个可以连续取值的模拟量。但 n 位数字量只能保持 2^n 个数值。因此，用数字量来表示连续变化的模拟量时就有一个类似于四舍五入的近似问题。将采样后的样值脉冲电平归化到与之接近的离散电平之上，这个过程称为量化。指定的离散电平称为量化电平 U_q，两个量化电平之间的差值称为量化单位 Δ，即 1 LSB，位数越多，量化等级越细，Δ 就越小。

$$\Delta U = \frac{U_r}{2^n}$$

3. ADC 技术参数

（1）分辨率（resolution）。

ADC 的分辨率表示 ADC 对输入信号的分辨能力，其根据满程电压和 ADC 输出二进制数的位数决定。不同的满程电压下，分辨率不同；不同的 ADC 输出二进制数的位数不同，分辨率也不同。

（2）转换误差。

转换误差通常是以输出误差的最大值形式（即上述量化误差）给出。它表示 ADC 实际输出的数字量和理论上的输出数字量之间的差别。例如，量化误差为$\pm \Delta/2$或±LSB/2，表明实际输出的数字量和理论上应得到的输出数字量之间的误差小于$\Delta/2$或 LSB/2。

（3）转速速率。

转换速率是指 ADC 从转换控制信号到来开始，到输出端得到稳定的数字信号所经过的时间的倒数。

【思考题】

（1）简述光敏传感器的工作原理。

（2）简述 ADC 转换器的工作原理。

任务二　红外传感器光控系统设计

【任务描述】

灯管默认 0%为最低亮度，红外传感器检测到遮挡，则立即调光至 50%默认为通电亮度，红外传感器若持续 3 s 未检测到遮挡，则自动调光至 0%为最低亮度。学生在课前应学习红外传感器的相关知识，并学习灯管驱动器和隔离变送器的工作原理。老师上课指导学生完成原理图设计和硬件电路的搭建，并完成程序编写。课后学生再深入探究和分析。

【任务目标】

知识目标

（1）掌握红外传感器的使用方法。
（2）掌握灯管驱动器的工作原理及使用方法。
（3）掌握隔离变送器的工作原理及使用方法。

技能目标

（1）熟练使用 CAD 软件。
（2）会单片机程序编写。

【任务实施】

一、器件的选择

（1）STM32F103C8T6 主控单元。
（2）漫射式红外传感器。
（3）灯管驱动器。
（4）隔离变送器。

二、原理图设计（见图 5-2-1）

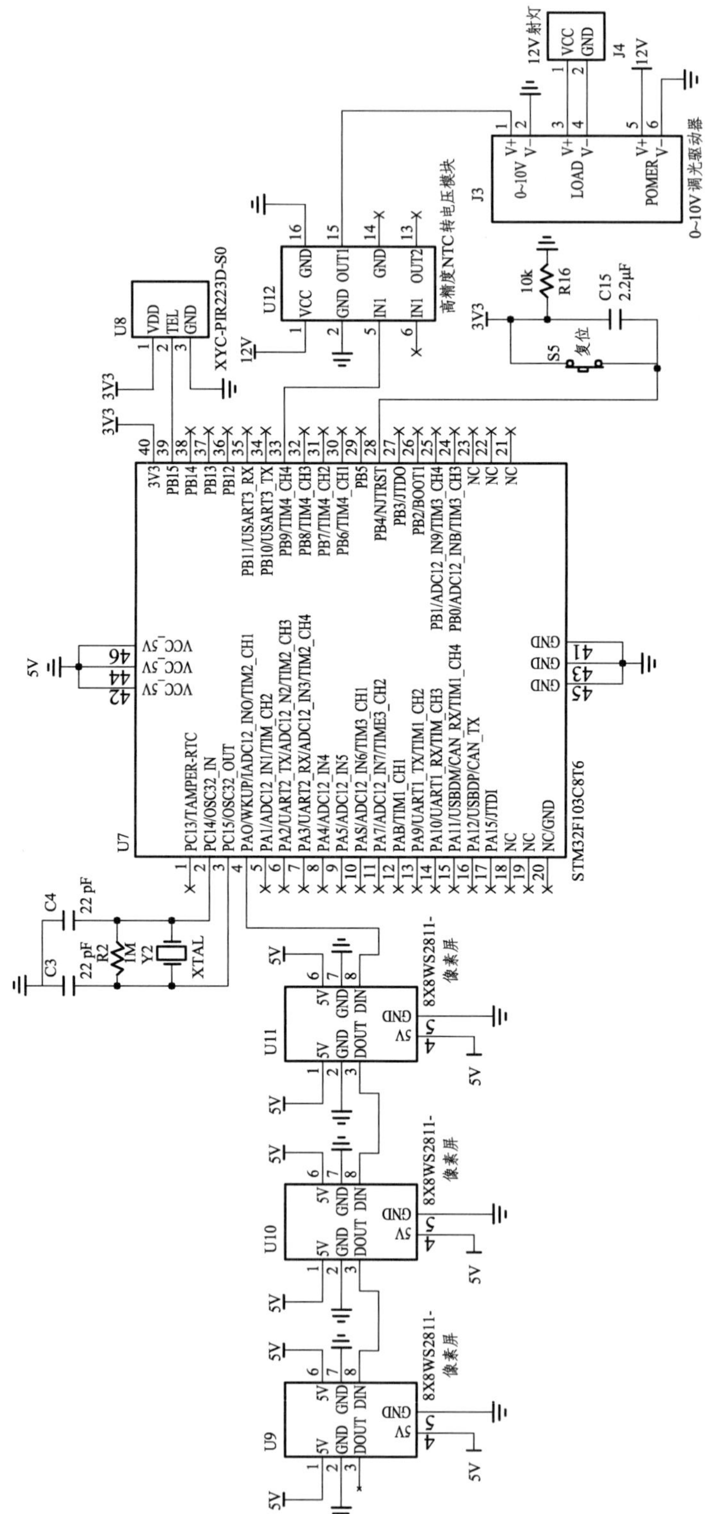

图 5-2-1　红外传感器光控系统原理图

三、硬件电路搭建

具体见电子资料。

四、主程序编写

```
#include "delay.h"
#include "sys.h"
#include "usart.h"
#include "gpio.h"
#include "pwm_output.h"
#include "Infrared.h"
/********************************************************************
* 功能：程序入口
* 参数：void
* 返回： 1
********************************************************************/
int main(void)
{
    float voltage;
    unsigned short luminance;
    uint32_t luminance_tick = 0; //红外遮挡时间记录
    Color_TypeDef dis_color;  //显示颜色
    dis_color.B = 0;
    dis_color.R = 255;
    dis_color.G = 0;
    /* 配置系统时钟为 72M */
  SystemInit();
    delay_init();                    //延时函数初始化
    NVIC_Configuration();     //设置 NVIC 中断分组 2:2 位抢占优先级,2 位响
应优先级
    uart_init(115200);               //串口初始化为 115200
    TIM4_PWM_Init(); //PWM 初始化
    PID_Init();       //pid 初始化
    Time_init();      //定时器 2 初始化
    WS2812B_Init();  //电子软屏初始化
    //gpio 初始化
    gpio_init();
    Infrared_Init();  //红外传感器初始化
```

```
while(1)
{
    if(Infrared_read())  //检测到红外遮挡
    {
        Pwm_Out(PWM_PERIOD/2);  //检测到红外遮挡，50%亮度输出
    }else
    {
        if(global_tick_ms - luminance_tick > 3000) ////超过 3 秒没检查到红外遮挡
        {
            Pwm_Out(0);  //0% PWM 输出
        }
    }
    //转换为照度
    luminance = voltage * (5000.0/5);
    //显示当前照度
    WS2812B_Show(luminance,&dis_color);
    //延时 3s
    delay_ms(3000);
```

五、结果展示

见电子资料（扫码获取）。

红外传感器光控系统设计结果

【知识提炼】

一、红外传感器

红外传感器是一种能够感知红外线辐射的传感器。其工作原理是利用物体在不同波长的红外线下的辐射能量不同，通过测量物体所辐射的红外线能量的大小来判断物体的存在与否。红外传感器通常由红外发射器和红外接收器两部分组成。红外发射器会发射出一定波长的红外线，当这些红外线照射到物体表面时，会被物体吸收、反射或透过。而红外接收器则会接收到这些被物体反射或透过的红外线，并将其转化为电信号输出。通过对这些电信号的处理，就可以判断物体的存在与否。

二、LED 驱动器的作用及原理

LED 驱动器是一种电子设备，它能够将传统电源转换成 LED 所需要的恒流/恒压输出。

1. LED 驱动器的工作原理

LED 驱动器为 LED 提供恒定的稳定电流或电压，以确保 LED 可以持续地正常工作。其工作原理是通过 PWM 调制技术来控制电源电压，从而达到控制 LED 工作亮度的目的。当 LED

的电流过大时，驱动器会自动减小其输出电流，从而保护 LED 不受损坏。

2. LED 驱动器的作用

LED 驱动器在 LED 应用中的作用非常重要，因为 LED 本身对电流的变化相当敏感。如果 LED 没有得到可靠的恒定电流/电压供应，它们就可能产生剧烈的光闪烁、颜色偏差或出现其他质量问题。通过使用恰当的 LED 驱动器可以实现 LED 长寿命、高亮度和稳定的色彩输出。

三、隔离变送器

隔离变送器是一种用于工业自动化控制系统中的信号转换器件，主要用于信号隔离、放大、变换、线性化、滤波、传输和保护等方面。其主要作用是将被测量信号转换为标准信号，以便于传输和处理。隔离变送器的工作原理如下：

（1）信号隔离：隔离变送器通过隔离部件将输入信号与输出信号隔离开来，以避免输入信号对输出信号产生影响，同时也可以保护被测设备和控制系统。

（2）信号放大：隔离变送器可以将输入信号放大到标准信号范围内，以便于传输和处理。

（3）信号变换：隔离变送器可以将输入信号变换为标准信号，例如将温度信号转换为电流信号或电压信号。

（4）信号线性化：隔离变送器可以将非线性信号转换为线性信号，以便于传输和处理。

（5）信号滤波：隔离变送器可以对输入信号进行滤波处理，以去除噪声和干扰。

（6）信号传输：隔离变送器可以将输入信号传输到远程设备，以便于监测和控制。

（7）信号保护：隔离变送器可以对输入信号进行保护，以避免被测设备和控制系统受到损坏。

【思考题】

（1）简述红外传感器的工作原理。

（2）简述变送隔离器的作用。

任务三　噪声实时监测显示控制系统设计

【任务描述】

声音传感器检测到高于 70 dB 的噪声时，灯管则立即调光至 50%默认为通电亮度；声音传感器若持续 3 s 未检测到高于 70 dB 的噪声，则自动调光至 0%为最低亮度。学生在课前应学习声音传感器的相关知识。老师上课指导学生完成原理图设计以及硬件电路的搭建，并完成程序编写。课后学生再深入探究和分析。

【任务目标】

知识目标

（1）掌握声音传感器的工作原理及使用方法。

（2）掌握 ADS1115 模数转换的方法。

技能目标

（1）熟练使用 C 语言进行单片机程序编写。

（2）熟练运用工具进行硬件电路的搭建。

【任务实施】

一、器件选择

（1）STM32F103C8T6 主控单元。

（2）声音传感器。

（3）ADS1115 模数转换器。

（4）灯管驱动器。

（5）隔离变送器。

二、原理图设计（见图 5-3-1）

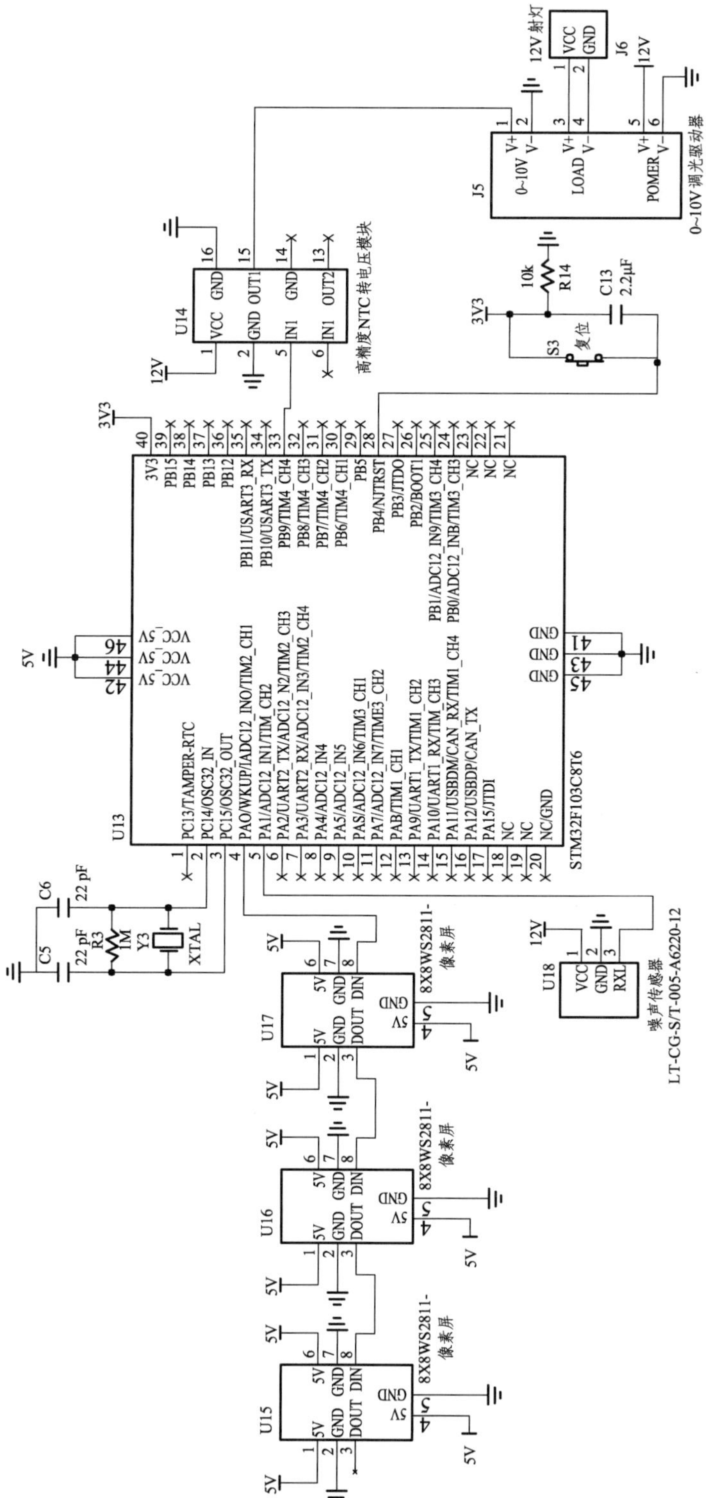

图 5-3-1　噪声实时监测显示控制系统原理图

三、硬件电路搭建

具体见电子资料。

四、主程序编写

```
#include "delay.h"
#include "sys.h"
#include "usart.h"
#include "ads1115.h"
#include "gpio.h"
#include "pwm_output.h"
#include "pid.h"
#include "ws2812b.h"
#define   ADS1115_Read_Times   5
#define VOLUME_MAX                      120  //声音传感器检测上线

#define   Illuminance_Channel       1  //照度传感器 ADC 通道
#define   Photosensitive_Channel  0  //光敏传感器 ADC 通道
#define VOLUME_Channel                  2    //声音传感器 ADC 通道
/*****************************************************************
* 功能：程序入口
* 参数：void
* 返回： 1
*****************************************************************/
int main(void)
{
    float voltage;
    float volume;
    unsigned short luminance;
    uint32_t num;
    uint32_t volume_tick = 0;
    uint16_t Target_value = 300;
    Color_TypeDef dis_color;  //显示颜色
    dis_color.B = 0;
    dis_color.R = 255;
    dis_color.G = 0;
    /* 配置系统时钟为 72M */
  SystemInit();
```

```
    delay_init();                    //延时函数初始化
    NVIC_Configuration();      //设置 NVIC 中断分组 2:2 位抢占优先级,2 位响
应优先级
    uart_init(115200);                  //串口初始化为 115200
    ADS1115_Init();        //ADC 初始化
    ADS1115_UserConfig2(); //ADS1115 配置
    ADS1115_ScanChannel(VOLUME_Channel);    //扫描声音 ADC 通道
    TIM4_PWM_Init(); //PWM 初始化
    PID_Init();       //pid 初始化
    Time_init();      //定时器 2 初始化
    WS2812B_Init();   //电子软屏初始化
    //gpio 初始化
    gpio_init();
    pid.Sv = Target_value;
    while(1)
    {
        //获取 ADC 转换结果
        voltage = ADS1115_GetAverageVoltage(ADS1115_Read_Times);
        volume = ( VOLUME_MAX / 5.0 ) * voltage;   //转换为音量
        if(volume > 70 ) //声音大于阈值
        {
                Pwm_Out(PWM_PERIOD/2);   //50% PWM 输出
    volume_tick = global_tick_ms; //记录检查到的声音大于 70 dB 的时间
        }else
        {
                if(global_tick_ms - volume_tick >= 3000)  //超过 3 秒没
检查到高于 70 dB 的噪声
                {
                    Pwm_Out(0);  //0% PWM 输出
                }
        }
    ADS1115_ScanChannel(Illuminance_Channel);  //扫描照度传感器
        //获取 ADC 转换结果
        voltage = ADS1115_GetAverageVoltage(ADS1115_Read_Times);
        //转换为照度
        luminance = voltage * (5000.0/5);
        //显示当前照度
        WS2812B_Show(luminance,&dis_color);
```

```
    }
    return 1;
}
```

五、效果展示

见电子资料（扫码获取）。

噪声实时监测显示控制系统设计结果

【知识提炼】

声音传感器的工作原理

声音传感器是一种能够捕捉声音信号并将其转换为电信号的设备。它可以用来检测环境中的声音，并将其转换为电信号。声音传感器可以给机器或电子设备提供控制，并对其进行操作。

声音传感器的工作原理简单，即利用振膜原理：当声波穿过振膜时，振膜会发生振动，这种振动会产生压力，进而产生电信号。

声音传感器通常由三部分组成，即振膜、放大器和输出电路。振膜是一种可以振动的薄膜，它可以捕捉声音的振动，并将其转化为电信号。放大器的作用是将捕捉到的信号放大到一定的电压，以便能够使用。输出电路可以将放大后的信号转换为电压，从而控制机器或电子设备。

声音传感器在许多领域都有重要的应用，它可以用来检测环境中的声音，并将其转换为电信号，也可以用来监测环境中的噪声，并分析环境声音的特性，以便进行控制，还可以用来控制安防系统，或者控制某些特定的机器以实现特定的功能。

【思考题】

简述声音传感器的工作原理。

任务四　光照度实时监测显示控制系统设计

【任务描述】

灯管从默认的 0%最低亮度开始调光；系统通过检测照度传感器的实测值，利用 PID 控制自动调整照度至目标值，照度稳定后与目标值误差越小越好；从开始调整到照度稳定调整时间越短越好。学生在课前应学习光照度传感器的相关知识。老师上课指导学生完成原理图设计以及硬件电路的搭建，并完成程序编写。课后学生再深入探究和分析。

【任务目标】

知识目标

（1）掌握照度传感器的使用方法。

（2）掌握 PID 的控制算法。

技能目标

（1）会 STM32 单片机程序编程。

（2）会搭建硬件电路。

【任务实施】

一、器件选择

（1）STM32F103C8T6 主控单元。

（2）照度传感器。

（3）ADS1115 模数转换器。

（4）隔离变送器。

（5）灯管驱动器。

二、原理图设计（见图 5-4-1）

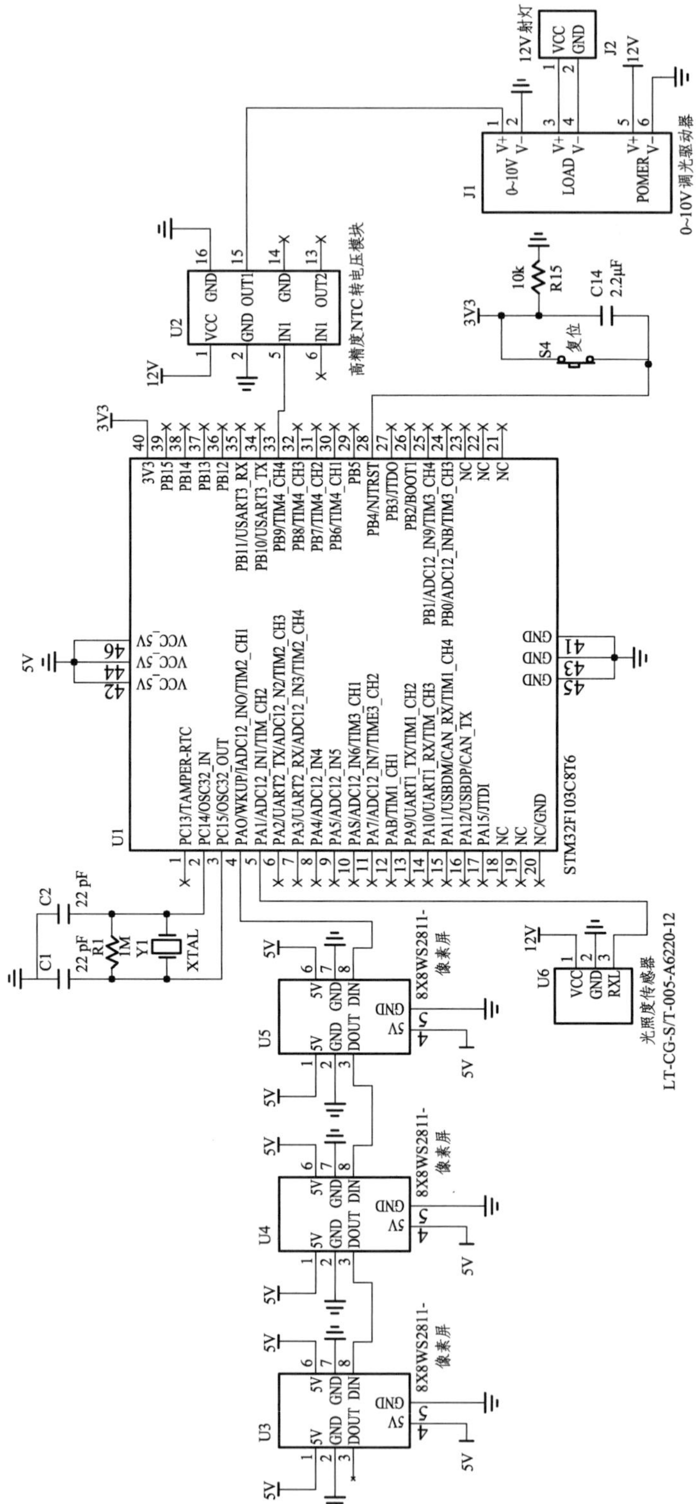

图 5-4-1 光照度实时监测显示控制系统原理图

三、硬件电路搭建

具体见电子资料。

四、主程序编写

```
#include "delay.h"
#include "sys.h"
#include "usart.h"
#include "ads1115.h"
#include "gpio.h"
#include "pwm_output.h"
#include "pid.h"
#include "ws2812b.h"
#define    ADS1115_Read_Times   5
#define    Illuminance_Channel      1  //照度传感器 ADC 通道
#define    Photosensitive_Channel  0  //光敏传感器 ADC 通道
/*****************************************************************
* 功能：程序入口
* 参数：void
* 返回： 1
*****************************************************************/
int main(void)
{
    float voltage;
    unsigned short luminance;
    uint32_t num;
    Color_TypeDef dis_color;  //显示颜色
    dis_color.B = 0;
    dis_color.R = 255;
    dis_color.G = 0;
    /* 配置系统时钟为 72M */
  SystemInit();
    delay_init();                    //延时函数初始化
    NVIC_Configuration();     //设置 NVIC 中断分组 2:2 位抢占优先级，2 位响
应优先级
    uart_init(115200);                //串口初始化为 115200
    ADS1115_Init();       //ADC 初始化
    ADS1115_UserConfig2(); //ADS1115 配置
```

```
    ADS1115_ScanChannel(Illuminance_Channel);     //扫描照度传感器 ADC 通道
    TIM4_PWM_Init(); //PWM 初始化
    PID_Init();      //pid 初始化
    Time_init();     //定时器 2 初始化
    WS2812B_Init();  //电子软屏初始化
    //gpio 初始化
    gpio_init();
    pid.Sv = 300;   //设置照度值
    while(1)
    {
        //获取 ADC 转换结果
        voltage = ADS1115_GetAverageVoltage(ADS1115_Read_Times);
        //转换为照度
        luminance = voltage * (5000.0/5);
        pid.Pv=luminance;
        //计算 PWM 输出值
        PID_Calc();
        num=(((pid.OUT*50000)/pid.pwmcycle)-1);
        //输出
        Pwm_Out(num);
        //显示当前照度
        WS2812B_Show(luminance,&dis_color);
    }
    return 1;
}
```

五、效果展示

见电子资料（扫码获取）。

光照度实时监测显示控制系统设计结果

【知识提炼】

一、光照度传感器的工作原理

1. 概　述

光照度传感器（Illuminance Sensor）是一种用于测量光照度的传感器。光照度是指单位面积内接收的光线总量，通常用勒克斯（Lux，简称 lx）来表示。光照度传感器广泛应用于照明控制、室内环境监测等领域。

2. 工作原理

光照度传感器的工作原理基于光电效应。当光照到传感器的光敏元件上时，光敏元件会产生电流或电压变化。由于光照度与光敏元件输出信号之间存在一定的关系，因此可以通过测量光敏元件的输出信号来确定当前环境的光照度。

常见的光照度传感器主要有两种类型：光电二极管型和照度计型。

（1）光电二极管型。

光电二极管型光照度传感器利用光电二极管的光敏特性进行测量。当光照到光电二极管上时，光子会激发光电子，使它们从价带跃迁到导带中，这样就产生了电流。电流的大小与光照度成正比。

光电二极管型传感器的优点是响应速度快、测量范围广、成本低廉。但缺点是对不同波长的光有不同的响应，因此需要根据光的波长来进行校准。

（2）照度计型。

照度计型光照度传感器则利用一个可以在不同光强下测量的光敏器件与一个光电传感器相结合，来实现测量。

照度计型传感器会先将光通过一个滤光片筛选出特定波长的光，再投射到光敏器件上。光敏器件的信号会随着光的强度变化而变化，然后由光电传感器将其转换成电信号进行测量。

照度计型传感器的优点是在不同波长下具有一致的响应，能够进行精准测量，适用于对光敏度和响应速度有高要求的应用场合。但其劣势在于精度较光电二极管型传感器低，成本较高。

3. 应用领域

光照度传感器的主要应用领域是照明控制与室内环境监测。

在照明控制方面，光照度传感器可以通过测量当前环境的光照度，来自动调节灯光的亮度和颜色温度，以达到节能、舒适、智能的照明效果。

在室内环境监测方面，光照度传感器可以作为室内空气质量监测中的一个指标，通过测量能够及时发现并调整光线过强或过弱的室内空气质量问题。

二、PID基础知识

PID控制的实质就是根据输入的偏差值，按照比例、积分、微分的函数关系进行运算，运算结果用以控制输出，如图5-4-2所示。

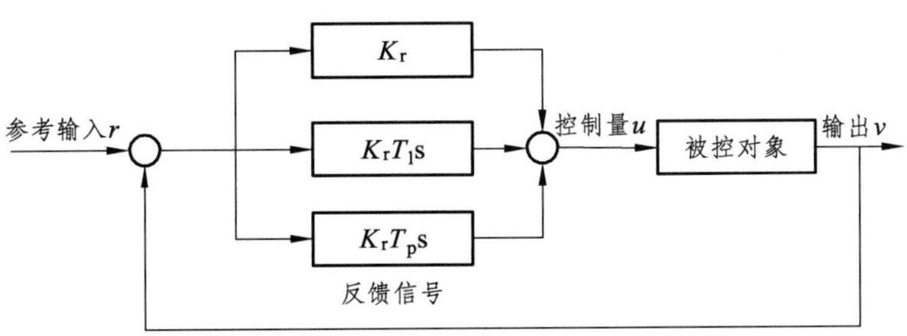

图 5-4-2　PID 控制

1. 基本原理

PID 控制器是一种基于比例（proportion）、积分（integration）和微分（derivative）的控制理论的数字控制算法。它是通过调整 3 个参数来调节系统的响应，从而使系统具有良好的动态特性和稳态性能。

在工业自动化领域中，PID 控制器的作用主要是用来对比例（proportion）进行控制，其原理是根据输出与给定值之间的偏差来对比例增益进行调节，使系统能够达到给定值；当偏差增大时，比例增益加大；当偏差减小时，比例增益减小。其中，比例、积分和微分分别对应着控制系统中的放大和微分环节。PID 控制器通常可以采用不同形式的控制器来实现。

2. PID 控制器的构成及工作原理

PID 控制器由传感器、执行机构和控制器组成。其工作原理是根据设定值和测量值的偏差，通过计算得出控制信号，再通过调节控制器中的 PID 参数来达到控制的目的，如图 5-4-3 所示。

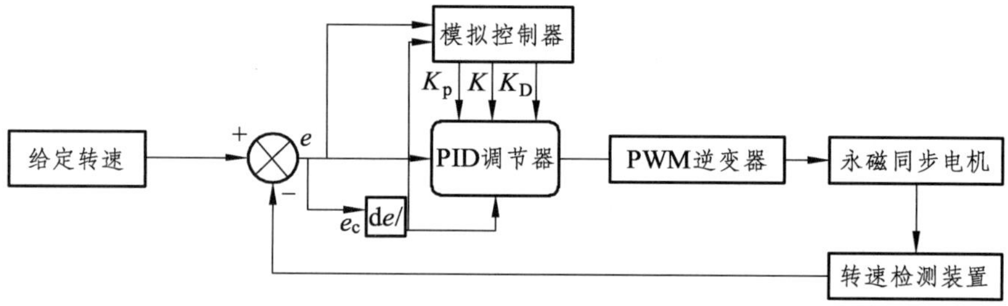

图 5-4-3　PID 控制器工作原理

PID 控制器是一种非常常见的智能控制算法，它对工业过程中存在的大滞后、大惯性和非线性等问题具有良好的控制效果。例如，在对工业生产过程进行控制时，PID 控制器可以用来调节工艺过程中的流量、温度、压力等参数，使它们保持在一定的范围内，以达到稳定生产的目的。PID 控制器可以用来消除扰动以及系统发生故障时带来的影响，保证系统继续运行。另外，PID 控制器还可以用于测量参数与设定值之间存在误差时进行补偿。

3. PID 控制器的性能特点

在实际应用中，PID 控制器通常采用的是积分控制和微分控制相结合的方式。所谓积分控制，是指 PID 控制器通过输出信号来对输入信号进行积分，从而把输出信号的变化率作为输入信号的变化率；所谓微分控制，是指 PID 控制器通过输出信号来对输入信号进行微分，从而把输入信号的变化率作为输出信号的变化率。

这两种控制方法有机结合在一起，使系统既有较高的动态响应，又有较高的稳态精度。如果用积分控制和微分控制结合的 PID 控制器来控制系统，其性能要比单独使用积分控制或微分控制好得多。它能够克服系统大惯性、纯滞后、参数时变和模型不确定等不利因素对系统带来的影响。另外，它还可以保证系统具有良好的抗干扰能力和动态特性，在满足系统精度要求的前提下使系统的稳定性大大提高。

【思考题】

（1）简述光照度传感器在智慧照明工程中的应用。

（2）简述 PID 控制器的控制理论数字控制算法。

任务五　智慧照明综合应用系统设计

【任务描述】

（1）智慧照明综合应用系统分为手动控制模式、声音控制模式、恒照度控制模式及红外控制模式 4 个工作模式，按下 B2 红色按钮，系统在各工作模式间循环切换，系统上电默认为手动控制模式。

（2）在电子软屏 T2A 上用单个大写字母实时显示当前系统运行的工作模式：M——手动控制模式，N——声音控制模式，L——恒照度控制模式，I——红外控制模式；在电子软屏 T2B、T2C、T2D 上显示实时照度检测值，显示范围为 0 ~ 999 lx，超过 1 000 lx 只显示低 3 位。

各控制模式详细功能如表 5-5-1 所示。

表 5-5-1　各控制模式详细功能

控制模式	功能描述
手动控制模式	切换到该模式，灯管 T1 默认 0%为最低亮度；按下黄色按键，向上 PWM 调光，2 s 从 0%到达 100%亮度；按下绿色按钮，向下 PWM 调光，2 s 从 100%到达 0%亮度
声音控制模式	S2 声音传感器检测到高于 70 dB 噪声，灯管 T1 则立即调光至 50%为默认通电亮度；S2 声音传感器若持续 3 s 未检测到高于 70 dB 的噪声，则自动调光至 0%为最低亮度
恒照度控制模式	切换到该模式后，灯管 T1 从默认 0%最低亮度开始调光；系统通过检测照度传感器 S1 的实测值，利用 PID 控制自动调整照度至目标值，照度稳定后与目标值误差越小越好；从开始调整到照度稳定调整时间越短越好
红外控制模式	切换到该模式，灯管 T1 默认 0%为最低亮度；S3 红外传感器检测到遮挡，则立即调光至 50%为默认通电亮度；S3 红外传感器若持续 3 s 未检测到遮挡，则自动调光至 0%为最低亮度

【任务目标】

知识目标

（1）掌握不同传感器在实际项目场景中的应用。

（2）掌握工程实际项目实施方案的撰写。

技能目标

（1）掌握不同传感器在不同应用场景中的作用。

（2）具备小型项目综合方案撰写及实施能力。

【任务实施】

一、器件选择

（1）STM32F103C8T6 主控单元。

（2）照度传感器。

（3）ADS1115 模数转换器。

（4）声音传感器。

（5）红外传感器。

（6）电子软屏。

（7）按钮。

二、原理图设计（见图 5-5-1）

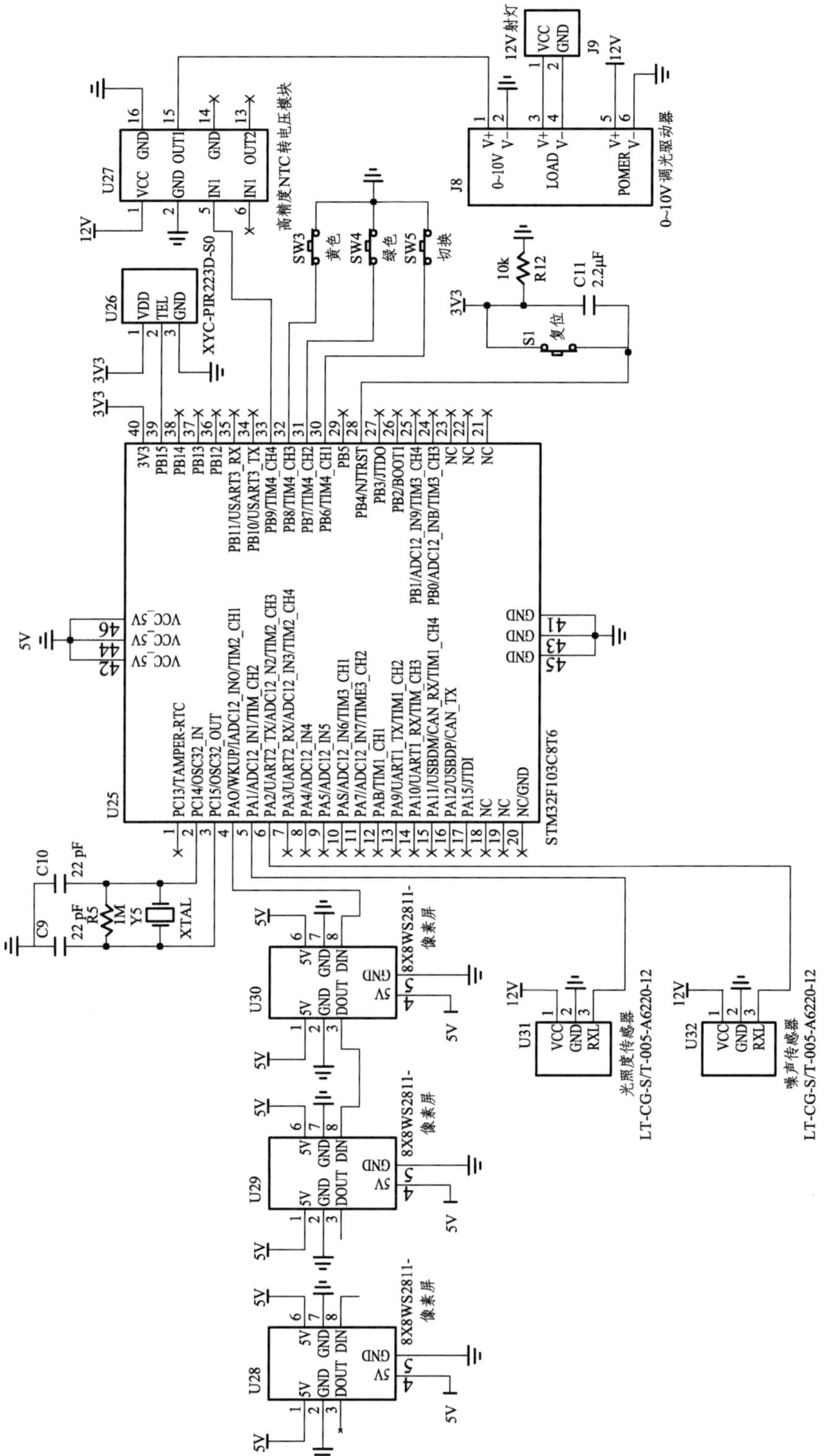

图 5-5-1　智慧照明综合应用系统原理图

三、硬件电路的搭建

具体见电子资料。

四、主程序编写

```
#include "delay.h"
#include "sys.h"
#include "usart.h"
#include "ads1115.h"
#include "gpio.h"
#include "pwm_output.h"
#include "pid.h"
#include "ws2812b.h"
#include "Infrared.h"
#include "config.h"
#include <button.h>
#define   ADS1115_Read_Times   5
#define   Illuminance_Channel       1  //照度传感器 ADC 通道
#define   Photosensitive_Channel  0  //光敏传感器 ADC 通道
#define VOLUME_Channel                  2     //声音传感器 ADC 通道
#define VOLUME_MAX                  120  //声音传感器检测上线
Work_Mode global_work_mode = Work_Mode_Manual;  //上电默认工作模式为：手动模式
void Refresh_luminance()
{
    float voltage;
    unsigned short luminance;
    Color_TypeDef dis_color;  //显示颜色
    dis_color.B = 0;
    dis_color.R = 255;
    dis_color.G = 0;
    ADS1115_ScanChannel(Illuminance_Channel);  //扫描照度传感器
    //获取 ADC 转换结果
    voltage = ADS1115_GetAverageVoltage(ADS1115_Read_Times);
    //转换为照度
    luminance = voltage * (5000.0/5);
    //显示当前照度
    WS2812B_Show(luminance,&dis_color);
}
```

```
/**************************************************************
* 功能：手动模式
* 参数：key 按键值
* 返回： 无
**************************************************************/
void Manual_Work(int key)
{
   uint32_t num = 0;
   if(key == Key_None)  //没有按键按下
      {
         Refresh_luminance();
         return;
      }
      if(key == Key_Red)  //手动模式不响应红色按键
      {
         Refresh_luminance();
         return;
      }
      if(key | Key_Green )
      {
         if(key | Key_Long_Press)  //长按绿色按键 2 s，亮度调为 0%
         {
            num = 0;
         }else
         {
            num = num > 0 ? num--:0;  //按一次绿色按键，照度下调 1%
         }
      }
      if(key | Key_Yellow )
      {
         if(key | Key_Long_Press)  //长按黄色按键 2 s，亮度调为 100%
         {
            num = 100;
         }else
         {
            num = num < 100 ? num++:100;  //按一次黄色按键，照度上调 1%
         }
      }
      //调光输出
```

```
        Pwm_Out(((float)num / 100) * PWM_PERIOD);
        Refresh_luminance(); //刷新显示
}
/***************************************************************
* 功能：声控模式
* 参数：key 按键值
* 返回：无
***************************************************************/
void Volume_Work(int key)
{
    float voltage;
    float volume;
    static uint32_t volume_tick = 0;
    //获取 ADC 转换结果
    voltage = ADS1115_GetAverageVoltage(ADS1115_Read_Times);
    volume = ( VOLUME_MAX / 5.0 ) * voltage;  //转换为音量
    if(volume > 70 ) //声音大于阈值
    {
            Pwm_Out(PWM_PERIOD/2);  //50% PWM 输出
            volume_tick = global_tick_ms; //记录检查到的声音大于 70 dB
的时间
    }else
    {
            if(global_tick_ms - volume_tick >= 3000)  //超过 3 s 没检查
到高于 70 dB 的噪声
            {
                Pwm_Out(0);  //0% PWM 输出
            }
    }
    Refresh_luminance();
}
/***************************************************************
* 功能：红外模式
* 参数：key 按键值
* 返回： 无
***************************************************************/
void Infrared_Work(int key)
{
    static uint32_t luminance_tick = 0; //红外遮挡时间记录
```

```
        if(Infrared_read())  //检测到红外遮挡
        {
            Pwm_Out(PWM_PERIOD/2);  //检测到红外遮挡，50%亮度输出
            luminance_tick = global_tick_ms;  //记录红外遮挡时间
        }else
        {
            if(global_tick_ms - luminance_tick > 3000) ////超过 3 s 没检
查到红外遮挡
            {
                Pwm_Out(0);  //0% PWM 输出
            }
        }
        Refresh_luminance();
    }
    /************************************************************
    * 功能：恒照度模式
    * 参数：key 按键值
    * 返回： 无
    ************************************************************/
    void Luminance_Work(int key)
    {
        float voltage;
        unsigned short luminance;
        uint32_t num;

        //获取 ADC 转换结果
        voltage = ADS1115_GetAverageVoltage(ADS1115_Read_Times);
        //转换为照度
        luminance = voltage * (5000.0/5);
        pid.Pv=luminance;

        //计算 PWM 输出值
        PID_Calc();
        num=(((pid.OUT*50000)/pid.pwmcycle)-1);
        //输出
        Pwm_Out(num);
        Refresh_luminance();  //刷新显示
    }
```

```
/*******************************************************************
* 功能：程序入口
* 参数：void
* 返回： 1
*******************************************************************/
int main(void)
{
    uint32_t key;
    uint32_t num = 0;
    /* 配置系统时钟为 72M */
  SystemInit();
    delay_init();                       //延时函数初始化
    NVIC_Configuration();      //设置 NVIC 中断分组 2：2 位抢占优先级，2 位
响应优先级
    uart_init(115200);                  //串口初始化为 115200
    ADS1115_Init();        //ADC 初始化
    ADS1115_UserConfig2(); //ADS1115 配置
    ADS1115_ScanChannel(Illuminance_Channel);       //使用通道 1
    TIM4_PWM_Init();
    PID_Init();       //pid 初始化
    Time_init();      //定时器 2 初始化
    WS2812B_Init();  //电子软屏初始化
    //gpio 初始化
    gpio_init();
    //按键初始化
    button_Init();
    //红外传感器初始化
    Infrared_Init();
    //默认 0%亮度
    Pwm_Out(num);
    pid.Sv = 300;    //设置恒照度模式照度值
    while(1)
    {
        key = Button_Scan();
        if(key | Key_Red) //红色按键按下，切换工作模式
        {
            switch(global_work_mode)
            {
```

```
                case Work_Mode_Manual:
                    global_work_mode = Work_Mode_Volume;
                    break;
                case Work_Mode_Volume:
                    global_work_mode = Work_Mode_Illunination;
                    break;
                case Work_Mode_Illunination:
                    global_work_mode = Work_Mode_Infrared;
                    break;
                case Work_Mode_Infrared:
                    global_work_mode = Work_Mode_Manual;
                    break;
            }
        }
        switch(global_work_mode)
        {
            case Work_Mode_Manual:  //手动模式
                Manual_Work(key);
                break;
            case Work_Mode_Volume:  //声控模式
                Volume_Work(key);
                break;
            case Work_Mode_Illunination: //恒照度模式
                Luminance_Work(key);
                break;
            case Work_Mode_Infrared://红外模式
                Infrared_Work(key);
                break;
            }
    }
    return 1;
}
```

五、效果展示

见电子资料（扫码获取）。

智慧照明综合应用系统设计结果

【知识提炼】

智慧城市照明方案撰写知识

一、概　述

智慧城市照明方案是为了满足城市发展智慧化的需要，提供一套全面、高效、可持续的照明解决方案。本方案基于先进的技术和创新理念，结合城市的需求和情况，致力于提供安全、节能、环保、舒适的照明环境。

二、目标与原则

1. 目　标

本方案的目标是实现城市照明的智能化、高效化、节能化和可持续发展。

2. 原　则

（1）智能化：利用现代信息技术和物联网技术，实现对照明设备的智能监控和管理。
（2）高效化：采用高效的照明设备和控制系统，降低能源消耗和运维成本。
（3）节能化：通过优化照明方案和使用节能照明设备，实现节能减排的目的。
（4）可持续发展：考虑环境因素，选择环保材料和技术，提高照明系统的可持续性。

三、详细方案

1. 照明设备选型

（1）街道照明：选择高效、耐用的 LED 路灯，并根据道路类型和需求确定合适的照明参数，如亮度、颜色温度等。

（2）建筑照明：采用智能照明系统，结合建筑特点和用途，设计灯光方案，实现智能调光、调色等功能。

（3）公共区域照明：选择适应公共区域特点的照明设备，如景观灯、广场灯等，确保照明效果和舒适度。

2. 照明控制系统

（1）传感器技术：利用光线传感器、人体红外传感器等，实现灯具的自动开关和调光，节省能源。

（2）智能调控：通过网络技术和云平台，实现对照明系统的集中管理和控制，可根据实际需求进行调整。

（3）时序控制：结合城市的日出日落时间和人流变化，设置定时开关和调光策略，提高照明系统的效率。

3. 安全管理与监控

（1）系统安全：采用加密技术和权限管理，确保照明系统的数据安全和控制权限的合理分配。

（2）监控系统：安装摄像头等监控设备，实现对照明设施的实时监控和故障报警，提高运维效率。

4. 节能和环保措施

（1）节能减排：优化照明设备和控制系统，降低能耗，减少二氧化碳和温室气体的排放。

（2）环保材料：选择环保、可再生材料，降低对环境的影响。

四、附　件

（1）技术规格表：详细描述照明设备的参数、性能和技术要求。

（2）工程图纸：包括照明设备的布局图、回路图等。

（3）报价单：列出照明设备和系统的价格和费用。

五、法律名词及注释

（1）建筑照明：指对建筑物进行照明，使建筑物在夜间能够提供良好的照明效果，提高建筑的美观和安全性。

（2）云平台：指通过网络将各种应用程序和服务集中管理，实现资源共享和统一管理。

（3）加密技术：指对数据进行加密处理，以保证数据在传输和存储过程中的安全性和完整性。

【思考题】

某学校图书馆需要设计一套智慧照明系统，需求如下：

（1）可以充分利用自然照度进行节能。

（2）图书馆照明可以就地手动控制或自动控制。

（3）走廊灯可根据有人无人、照度条件实现自动控制。

（4）可根据日常上下课时间实现定时控制。

（5）可预先设置多种场景一键切换控制。

（6）值班人员可对图书馆照明集中控制。

请根据以上需求完成本项目方案的撰写及实施。

参考文献

[1] 陈小荣. 智能建筑供配电与照明[M]. 2 版. 北京：机械工业出版社，2021.
[2] 马小军. 智能照明控制系统[M]. 北京：机械工业出版社，2009.
[3] 姜兆宁. 照明设计与应用[M]. 江苏：凤凰科学技术出版社，2020.
[4] 王晓东. 建筑供配电与照明技术[M]. 北京：中国建筑工业出版社，2022.
[5] 周广大. 智能光电技术应用实训[M]. 北京：电子工业出版社，2023.
[6] 杜嵩榕. LED 技术及应用[M]. 北京：电子工业出版社，2023.
[7] 中国标准化委员会. 智能照明系统通用要求[M]. 北京：中国质检出版社，2022.
[8] 玖雅设计. 全屋定制家居设计全书[M]. 江苏：凤凰科学技术出版社，2021.